中国畜牧兽医统计

CHINA ANIMAL HUSBANDRY AND VETERINARY STATISTICS

2023

农业农村部畜牧兽医局
全 国 畜 牧 总 站 编

中国农业出版社
北 京

图书在版编目（CIP）数据

中国畜牧兽医统计．2023 / 农业农村部畜牧兽医局，全国畜牧总站编．-- 北京 ：中国农业出版社，2024.12. -- ISBN 978-7-109-32643-9

Ⅰ．S851.67

中国国家版本馆 CIP 数据核字第 20240J5Z70 号

中国畜牧兽医统计 2023

ZHONGGUO XUMU SHOUYI TONGJI 2023

中国农业出版社出版

地址：北京市朝阳区麦子店街 18 号楼

邮编：100125

责任编辑：陈　瑨

责任校对：吴丽婷

印刷：北京通州皇家印刷厂

版次：2024 年 12 月第 1 版

印次：2024 年 12 月北京第 1 次印刷

发行：新华书店北京发行所

开本：720mm×960mm　1/16

印张：14.75　　插页：2

字数：365 千字

定价：100.00 元

编委会

Editorial Bord

编 者 说 明

一、《中国畜牧兽医统计 2023》是一本反映我国畜牧业生产情况的统计资料工具书。本书内容包括十个部分。第一部分为 2023 年畜牧业发展概况。第二部分为综合，第三部分为畜牧生产统计，两部分数据皆来源于国家统计局。第四部分为畜牧专业统计，数据由各省（自治区、直辖市）畜牧兽医部门提供。第五部分为畜产品及饲料集市价格，数据来自全国 500 个县集贸市场调查点。第六部分为饲料产量，第七部分为生猪屠宰统计，两部分数据皆来源于农业农村部行业统计。第八部分为中国畜产品进出口统计，数据来源于海关总署，更新时间为 2024 年 10 月。第九部分为 2022 年世界畜产品进出口情况，第十部分为 2022 年世界畜产品生产情况，两部分数据皆来源于联合国粮食及农业组织（FAO）统计数据，更新时间为 2024 年 10 月。

二、本书所涉及的全国性统计指标未包括香港特别行政区、澳门特别行政区和台湾省数据。本书第九部分及第十部分的中国数据未包括香港特别行政区、澳门特别行政区和台湾省。

三、本书部分数据合计数或相对数由于单位取舍不同而产生的计算误差均未做机械调整。

四、有关符号的说明：“空格”表示数据不详或无该项指标，“#”表示分项之和不等于总项，0.0 表示数据不足表中最小单位。

目　　录

Contents

一、2023年畜牧业发展概况

2023年，全国畜牧业生产稳定发展，畜产品全面增产，肉蛋奶产量超过1.75亿吨，再创历史新高。其中，肉类总产量9 748万吨，同比增长4.5%；禽蛋产量3 563万吨，同比增长3.1%；奶类产量4 281万吨，同比增长6.3%，畜产品市场供应总体充足。畜禽养殖规模化率达到73.2%，畜禽粪污综合利用率达到79.4%，生产效率持续提升，重大动物疫情总体平稳，畜产品质量安全保持较高水平，绿色发展水平显著提升。

1. 生猪生产平稳发展，产能有序回调。2023年，全国生猪出栏7.27亿头，同比增长3.8%；猪肉产量5 794万吨，同比增长4.6%。生猪出栏量和猪肉产量均处于2015年以来的最高水平。在市场信号和产能调控的作用下，生猪产能高位回调，2023年末，全国能繁母猪存栏量4 142万头，同比减少约250万头。每头经产母猪年提供的断奶仔猪数达到20.4头，同比增加0.6头，生产水平高的规模场达到28头左右。

2. 禽肉禽蛋产量稳定增长，产能处于合理水平。2023年，全国家禽出栏168.2亿只，同比增长4.2%；禽肉产量2 563万吨，同比增长4.9%；禽蛋产量3 563万吨，同比增长3.1%。2023年末，全国家禽存栏67.8亿只，同比增长0.2%。

3. 牛羊肉、生鲜乳供应量增加，产能处于历史高位。2023年，全国牛出栏5 023万头，同比增长3.8%；羊出栏33 864万只，同比增长0.7%；牛肉产量753万吨，同比增长4.8%；羊肉产量531万吨，同比增长1.3%；牛奶产量4 197万吨，同比增长6.7%。2023年末，肉牛存栏9 275万头，同比增长9.7%；奶牛存栏1 233万头，同比增长6.3%；羊存栏32 233万只，同比下降1.2%。

4. 畜禽产品价格普遍下跌，养殖效益不及预期。2023年，全国平均出栏一头生猪亏损76元，自2015年以来生猪养殖全年算总账首次出现亏损。牛羊养殖效益下降，出栏一头育肥肉牛平均盈利328元，同比减少约1 000元；出栏一只绵羊盈利95元，出栏一只山羊盈利218元，同比分别减少11元和43元。一头产奶牛全年平均养殖盈利170元，同比减少4 168元，为近7年来最大降幅。每只产蛋鸡平均年养殖盈利14.25元，同比减少8.47元；每只黄羽肉鸡平均盈利4.36元，同比减少3.35元；每只白羽肉鸡平均盈利0.97元，同比增加0.34元。

二、综　　合

2－1　全国农林牧渔业总产值及比重

（按当年价格计算）

单位：亿元、%

年　份	农林牧渔业总产值	农业#	比重	林业#	比重	牧业#	比重	渔业#	比重
1978	1 397.0	1 117.6	80.0	48.1	3.4	209.3	15.0	22.1	1.6
1980	1 922.6	1 454.1	75.6	81.4	4.2	354.2	18.4	32.9	1.7
1985	3 619.5	2 506.4	69.2	188.7	5.2	798.3	22.1	126.1	3.5
1990	7 662.1	4 954.3	64.7	330.3	4.3	1 967.0	25.7	410.6	5.4
1995	20 340.9	11 884.6	58.4	709.9	3.5	6 045.0	29.7	1 701.3	8.4
1996	22 353.7	13 539.8	60.6	778.0	3.5	6 015.5	26.9	2 020.4	9.0
1997	23 788.4	13 852.5	58.2	817.8	3.4	6 835.4	28.7	2 282.7	9.6
1998	24 541.9	14 241.9	58.0	851.3	3.5	7 025.8	28.6	2 422.9	9.9
1999	24 519.1	14 106.2	57.5	886.3	3.6	6 997.6	28.5	2 529.0	10.3
2000	24 915.8	13 873.6	55.7	936.5	3.8	7 393.1	29.7	2 712.6	10.9
2001	26 179.6	14 462.8	55.2	938.8	3.6	7 963.1	30.4	2 815.0	10.8
2002	27 390.8	14 931.5	54.5	1 033.5	3.8	8 454.6	30.9	2 971.1	10.8
2003	29 691.8	14 870.1	50.1	1 239.9	4.2	9 538.8	32.1	3 137.6	10.6
2004	36 239.0	18 138.4	50.1	1 327.1	3.7	12 173.8	33.6	3 605.6	9.9
2005	39 450.9	19 613.4	49.7	1 425.5	3.6	13 310.8	33.7	4 016.1	10.2
2006	40 810.8	21 522.3	52.7	1 610.8	3.9	12 083.9	29.6	3 970.5	9.7
2007	48 651.8	24 444.7	50.2	1 889.9	3.9	16 068.6	33.0	4 427.9	9.1
2008	57 420.8	27 679.9	48.2	2 180.3	3.8	20 354.2	35.4	5 137.5	8.9
2009	59 311.3	29 983.8	50.6	2 324.4	3.9	19 184.6	32.3	5 514.7	9.3
2010	67 763.1	35 909.1	53.0	2 575.0	3.8	20 461.1	30.2	6 263.4	9.2
2011	78 837.0	40 339.6	51.2	3 092.4	3.9	25 194.2	32.0	7 337.4	9.3
2012	86 342.2	44 845.7	51.9	3 407.0	3.9	26 491.2	30.7	8 403.9	9.7
2013	93 173.7	48 943.9	52.5	3 847.4	4.1	27 572.4	29.6	9 254.5	9.9
2014	97 822.5	51 851.1	53.0	4 190.0	4.3	27 963.4	28.6	9 877.5	10.1
2015	101 893.5	54 205.3	53.2	4 358.4	4.3	28 649.3	28.1	10 339.1	10.1
2016	106 478.7	55 659.9	52.3	4 635.9	4.4	30 461.2	28.6	10 892.9	10.2
2017	109 331.7	58 059.8	53.1	4 980.6	4.6	29 361.2	26.9	11 577.1	10.6
2018	113 579.5	61 452.6	54.1	5 432.6	4.8	28 697.4	25.3	12 131.5	10.7
2019	123 967.9	66 066.5	53.3	5 775.7	4.7	33 064.3	26.7	12 572.4	10.1
2020	137 782.2	71 748.2	52.1	5 961.6	4.3	40 266.7	29.2	12 775.9	9.3
2021	147 013.4	78 339.5	53.3	6 507.7	4.4	39 910.8	27.1	14 507.3	9.9
2022	156 065.9	84 438.6	54.1	6 820.8	4.4	40 652.4	26.0	15 468.0	9.9
2023	158 507.2	87 073.4	54.9	7 006.1	4.4	38 964.6	24.6	16 116.2	10.2

2-2　各地区农林牧渔业总产值

（按当年价格计算）

单位：亿元

地　区	农林牧渔业总产值	农业#	林业#	牧业#	渔业#
全　国	**158 507.2**	**87 073.4**	**7 006.1**	**38 964.6**	**16 116.2**
北　京	252.6	135.6	65.9	42.0	4.0
天　津	511.3	269.4	6.0	145.5	71.9
河　北	7 770.9	4 081.0	259.1	2 395.0	351.2
山　西	2 291.7	1 332.7	177.4	642.8	9.6
内蒙古	4 447.3	2 288.0	116.9	1 898.7	32.2
辽　宁	5 266.8	2 284.5	144.6	1 691.5	957.0
吉　林	3 128.0	1 494.5	70.1	1 402.2	65.4
黑龙江	6 492.5	4 200.4	208.0	1 722.9	155.1
上　海	269.6	145.2	7.2	47.0	52.7
江　苏	8 935.5	4 844.1	188.4	1 230.1	1 903.2
浙　江	3 978.0	1 871.9	198.3	393.2	1 375.3
安　徽	6 247.9	2 906.3	479.9	1 746.3	689.5
福　建	5 729.2	2 193.5	454.8	1 083.4	1 789.6
江　西	4 198.9	2 003.4	399.8	978.3	554.1
山　东	12 531.9	6 462.4	244.5	2 973.7	1 807.6
河　南	10 304.6	6 471.2	162.2	2 596.0	141.5
湖　北	9 106.9	4 428.8	356.3	1 934.3	1 602.0
湖　南	8 199.4	4 141.5	513.7	2 232.1	635.0
广　东	9 202.1	4 431.0	562.7	1 696.8	2 005.3
广　西	7 229.3	4 253.5	543.7	1 505.3	583.0
海　南	2 410.3	1 319.7	111.4	334.2	523.0
重　庆	3 154.3	1 978.0	188.1	766.6	142.9
四　川	9 977.8	5 821.7	481.8	3 035.6	359.1
贵　州	4 953.6	3 360.3	358.5	907.9	81.2
云　南	6 834.5	4 041.8	485.2	1 969.3	125.4
西　藏	320.1	132.6	9.5	170.0	0.3
陕　西	4 724.9	3 468.1	96.4	864.4	36.7
甘　肃	2 927.7	2 001.6	37.3	700.1	1.8
青　海	575.6	259.3	12.6	290.9	4.3
宁　夏	885.7	459.5	10.6	358.0	22.8
新　疆	5 648.3	3 991.4	55.6	1 210.6	33.6

2-3　各地区分部门农林牧渔业总产值构成

（按当年价格计算）

单位：%

地　区	合　计	农业#	林业#	牧业#	渔业#
全国总计	**100.0**	**54.9**	**4.4**	**24.6**	**10.2**
北　京	100.0	53.7	26.1	16.6	1.6
天　津	100.0	52.7	1.2	28.5	14.1
河　北	100.0	52.5	3.3	30.8	4.5
山　西	100.0	58.2	7.7	28.0	0.4
内蒙古	100.0	51.4	2.6	42.7	0.7
辽　宁	100.0	43.4	2.7	32.1	18.2
吉　林	100.0	47.8	2.2	44.8	2.1
黑龙江	100.0	64.7	3.2	26.5	2.4
上　海	100.0	53.9	2.7	17.4	19.5
江　苏	100.0	54.2	2.1	13.8	21.3
浙　江	100.0	47.1	5.0	9.9	34.6
安　徽	100.0	46.5	7.7	28.0	11.0
福　建	100.0	38.3	7.9	18.9	31.2
江　西	100.0	47.7	9.5	23.3	13.2
山　东	100.0	51.6	2.0	23.7	14.4
河　南	100.0	62.8	1.6	25.2	1.4
湖　北	100.0	48.6	3.9	21.2	17.6
湖　南	100.0	50.5	6.3	27.2	7.7
广　东	100.0	48.2	6.1	18.4	21.8
广　西	100.0	58.8	7.5	20.8	8.1
海　南	100.0	54.8	4.6	13.9	21.7
重　庆	100.0	62.7	6.0	24.3	4.5
四　川	100.0	58.3	4.8	30.4	3.6
贵　州	100.0	67.8	7.2	18.3	1.6
云　南	100.0	59.1	7.1	28.8	1.8
西　藏	100.0	41.4	3.0	53.1	0.1
陕　西	100.0	73.4	2.0	18.3	0.8
甘　肃	100.0	68.4	1.3	23.9	0.1
青　海	100.0	45.0	2.2	50.5	0.7
宁　夏	100.0	51.9	1.2	40.4	2.6
新　疆	100.0	70.7	1.0	21.4	0.6

2-4　各地区畜牧业分项产值

（按当年价格计算）

单位：亿元

地　区	牧业产值	牲畜饲养			
			牛#	羊#	奶产品#
全国总计	**38 964.6**	**11 783.1**	**5 748.4**	**3 880.3**	**1 826.3**
北　京	42.0	18.4	4.9	1.7	10.8
天　津	145.5	63.8	25.4	6.6	23.7
河　北	2 395.0	917.8	371.8	317.0	205.5
山　西	642.8	251.1	84.1	91.1	67.7
内蒙古	1 898.7	1 604.0	468.6	784.3	309.8
辽　宁	1 691.5	539.3	350.3	78.8	71.0
吉　林	1 402.2	651.8	538.6	90.1	11.0
黑龙江	1 722.9	867.5	573.8	96.7	185.6
上　海	47.0	16.5	0.0	1.9	14.6
江　苏	1 230.1	110.1	18.3	60.7	28.0
浙　江	393.2	33.6	7.7	14.8	10.3
安　徽	1 746.3	279.7	79.4	151.9	23.7
福　建	1 083.4	81.7	32.8	26.5	22.4
江　西	978.3	113.1	82.5	22.1	4.7
山　东	2 973.7	672.8	302.0	241.2	124.0
河　南	2 596.0	620.5	320.0	207.2	88.4
湖　北	1 934.3	289.4	171.3	111.9	5.9
湖　南	2 232.1	271.1	140.2	125.0	5.6
广　东	1 696.8	62.6	28.9	14.4	19.3
广　西	1 505.3	135.9	111.7	16.4	7.8
海　南	334.2	48.3	33.6	14.4	0.3
重　庆	766.6	112.4	65.1	45.5	1.5
四　川	3 035.6	581.3	319.5	217.4	38.2
贵　州	907.9	235.5	191.9	39.9	3.1
云　南	1 969.3	679.6	419.0	230.3	26.2
西　藏	170.0	163.5	94.0	23.5	40.4
陕　西	864.4	305.6	96.8	112.6	82.1
甘　肃	700.1	536.7	211.6	231.4	75.8
青　海	290.9	271.1	150.6	88.1	28.6
宁　夏	358.0	316.0	98.5	84.6	130.9
新　疆	1 210.6	932.4	355.4	332.6	159.6

2-4　续表

单位：亿元

地　区	猪的饲养	家禽饲养			其他畜牧业
			肉禽#	禽蛋#	
全国总计	**14 806.4**	**11 055.4**	**6 857.2**	**4 198.2**	**1 319.6**
北　京	6.1	16.9	5.0	12.0	0.5
天　津	42.7	36.0	13.8	22.2	3.1
河　北	876.6	555.1	165.5	389.6	45.4
山　西	208.9	176.4	40.6	135.8	6.4
内蒙古	168.4	108.3	39.0	69.2	18.1
辽　宁	348.2	794.0	567.1	227.0	9.9
吉　林	402.7	310.7	171.9	138.8	37.0
黑龙江	434.7	374.2	261.8	112.4	46.5
上　海	22.2	8.2	3.8	4.3	0.1
江　苏	453.1	611.1	293.9	317.2	55.8
浙　江	198.9	115.3	71.1	44.2	45.3
安　徽	710.9	695.1	468.0	227.1	60.5
福　建	326.5	647.6	533.2	114.4	27.6
江　西	473.3	383.6	259.9	123.8	8.3
山　东	880.7	1 347.8	875.9	471.9	72.3
河　南	1 156.5	731.8	214.5	517.4	87.1
湖　北	1 115.6	520.4	236.7	283.7	8.9
湖　南	1 389.2	541.9	236.9	304.9	29.9
广　东	804.5	759.5	702.2	57.3	70.2
广　西	592.9	470.6	431.2	39.5	305.9
海　南	147.1	130.0	120.4	9.6	8.9
重　庆	400.5	221.2	157.8	63.4	32.5
四　川	1 532.4	791.5	570.0	221.5	130.4
贵　州	481.8	181.9	131.3	50.6	8.7
云　南	1 049.6	180.6	117.1	63.5	59.5
西　藏	4.2	2.2	0.9	1.3	0.1
陕　西	299.3	140.3	60.4	79.9	119.2
甘　肃	108.4	51.2	25.8	25.4	3.8
青　海	15.0	2.9	1.3	1.6	1.8
宁　夏	19.3	22.2	6.9	15.2	0.5
新　疆	135.9	126.8	73.2	53.6	15.4

2－5 全国饲养业产品成本与收益

项目	单位	生猪平均		规模养猪平均		农户散养生猪	
		2023 年	2022 年	2023 年	2022 年	2023 年	2022 年
每头							
主产品产量	千克	131.3	129.6	132.9	131.2	129.7	127.9
产值合计	元	2 023.7	2 462.4	2 030.5	2 453.2	2 016.9	2 471.6
主产品产值	元	2 010.9	2 449.3	2 019.8	2 442.0	2 001.9	2 456.7
副产品产值	元	12.8	13.1	10.7	11.3	15.0	14.9
总成本	元	2 279.7	2 240.9	2 183.5	2 138.4	2 375.1	2 342.8
生产成本	元	2 277.6	2 239.0	2 179.4	2 134.8	2 375.0	2 342.6
物质与服务费用	元	1 903.2	1 879.7	1 992.1	1 941.4	1 814.3	1 818.0
人工成本	元	374.3	359.3	187.3	193.4	560.7	524.6
家庭用工折价	元	348.1	332.6	134.8	140.1	560.7	524.6
雇工费用	元	26.3	26.7	52.6	53.4		
土地成本	元	2.1	1.9	4.0	3.6	0.1	0.1
净利润	元	−256.0	221.6	−153.0	314.8	−358.2	128.9
成本利润率	%	−11.2	9.9	−7.0	14.7	−15.1	5.5
每 50 千克主产品							
平均出售价格	元	765.9	945.1	760.0	930.5	771.9	960.2
总成本	元	862.8	860.1	817.3	811.1	908.9	910.1
生产成本	元	862.0	859.3	815.8	809.7	908.9	910.1
净利润	元	−96.9	85.0	−57.3	119.4	−137.1	50.1
附：							
每核算单位用工数量	日	3.8	3.7	1.8	1.9	5.8	5.5
平均饲养天数	日	165.9	164.4	162.1	160.4	169.7	168.4

2－5　续表1

项　　目	单位	奶牛平均		规模奶牛平均		农户散养奶牛	
		2023年	2022年	2023年	2022年	2023年	2022年
每头							
主产品产量	千克	6 250.8	6 278.1	7 152.5	7 110.1	5 349.0	5 446.1
产值合计	元	29 423.7	30 365.3	33 728.5	34 920.9	25 118.8	25 809.6
主产品产值	元	26 541.0	27 149.6	30 412.8	31 354.5	22 669.2	22 944.6
副产品产值	元	2 882.7	3 215.7	3 315.7	3 566.4	2 449.6	2 865.0
总成本	元	23 364.8	23 373.5	28 241.0	27 944.8	18 488.6	18 802.7
生产成本	元	23 305.5	23 315.8	28 143.1	27 849.1	18 467.9	18 783.1
物质与服务费用	元	19 429.9	19 467.9	24 696.4	24 381.7	14 163.4	14 554.1
人工成本	元	3 875.6	3 847.9	3 446.7	3 467.5	4 304.5	4 229.0
家庭用工折价	元	2 765.0	2 686.5	1 273.0	1 196.0	4 257.1	4 177.7
雇工费用	元	1 110.6	1 161.4	2 173.8	2 271.4	47.4	51.4
土地成本	元	59.3	57.6	97.9	95.7	20.7	19.5
净利润	元	6 058.8	6 991.8	5 487.5	6 976.0	6 630.3	7 007.0
成本利润率	%	25.9	29.9	19.4	25.0	35.9	37.3
每50千克主产品							
平均出售价格	元	212.3	216.2	212.6	220.5	211.9	210.7
总成本	元	168.6	166.4	178.0	176.4	156.0	153.5
生产成本	元	168.2	166.0	177.4	175.8	155.8	153.3
净利润	元	43.7	49.8	34.6	44.0	55.9	57.2
附：							
每核算单位用工数量	日	35.6	36.0	27.0	27.9	44.2	44.2
平均饲养天数	日	365.0	365.0	365.0	365.0	365.0	365.0

2-5 续表 2

项 目	单位	规模养殖蛋鸡平均		规模养殖肉鸡平均	
		2023 年	2022 年	2023 年	2022 年
每百只					
主产品产量	千克	1 818.5	1 820.3	253.0	249.8
产值合计	元	20 016.7	20 549.8	3 761.1	3 708.8
主产品产值	元	17 640.3	18 249.6	3 734.8	3 685.1
副产品产值	元	2 376.4	2 300.2	26.3	23.8
总成本	元	19 417.8	19 764.7	3 607.3	3 455.6
生产成本	元	19 396.2	19 745.3	3 600.6	3 448.7
物质与服务费用	元	18 081.5	18 418.2	3 254.1	3 124.8
人工成本	元	1 314.6	1 327.1	346.5	323.9
家庭用工折价	元	984.0	984.4	257.9	264.0
雇工费用	元	330.6	342.7	88.6	60.0
土地成本	元	21.6	19.3	6.7	6.9
净利润	元	598.9	785.1	153.8	253.2
成本利润率	%	3.1	4.0	4.3	7.3
每 50 千克主产品					
平均出售价格	元	485.0	501.3	738.2	737.6
总成本	元	470.5	482.1	708.0	687.2
生产成本	元	470.0	481.6	706.7	685.9
净利润	元	14.5	19.2	30.2	50.4
附：					
每核算单位用工数量	日	12.6	12.9	3.3	3.2
平均饲养天数	日	365.5	364.3	75.3	75.1

2－6　各地区主要畜产品产量、人均产量及位次

单位：万吨、千克

地区	肉类总产量		肉类人均产量		猪肉产量		猪肉人均产量	
	绝对数	位次	绝对数	位次	绝对数	位次	绝对数	位次
全国总计	**9 748.2**		**69.1**		**5 794.3**		**41.1**	
北　京	4.2	31	1.9	31	2.7	30	1.2	31
天　津	31.5	28	23.1	28	17.4	26	12.7	25
河　北	495.0	8	66.8	20	283.3	8	38.3	15
山　西	155.0	22	44.6	24	99.5	20	28.7	20
内蒙古	291.2	17	121.4	2	75.7	22	31.5	18
辽　宁	473.7	10	113.1	4	249.1	12	59.5	5
吉　林	309.4	16	132.0	1	158.5	16	67.6	3
黑龙江	328.5	14	106.6	5	201.8	13	65.5	4
上　海	12.2	30	4.9	30	10.7	27	4.3	30
江　苏	331.7	13	38.9	26	191.3	14	22.5	24
浙　江	119.9	24	18.2	29	80.8	21	12.2	26
安　徽	497.1	7	81.2	13	262.4	10	42.8	13
福　建	311.4	15	74.4	15	135.5	18	32.4	17
江　西	369.1	12	81.6	12	257.4	11	56.9	8
山　东	910.1	1	89.7	7	382.8	5	37.7	16
河　南	679.1	3	69.0	18	465.3	2	47.3	12
湖　北	457.9	11	78.4	14	347.2	6	59.5	6
湖　南	582.6	4	88.5	8	461.8	3	70.1	2
广　东	507.5	6	40.0	25	298.0	7	23.5	23
广　西	478.9	9	95.1	6	276.0	9	54.8	9
海　南	76.4	25	73.8	16	42.1	25	40.7	14
重　庆	215.8	20	67.4	19	158.2	17	49.4	10
四　川	697.1	2	83.3	11	489.7	1	58.5	7
贵　州	246.9	18	64.0	21	184.6	15	47.8	11
云　南	536.1	5	114.5	3	405.4	4	86.6	1
西　藏	31.3	29	86.0	9	1.7	31	4.7	29
陕　西	135.7	23	34.3	27	104.5	19	26.4	21
甘　肃	157.4	21	63.5	22	72.7	23	29.3	19
青　海	41.4	27	69.6	17	5.2	29	8.7	28
宁　夏	41.4	26	56.8	23	8.6	28	11.8	27
新　疆	222.6	19	85.9	10	64.4	24	24.8	22

2－6 续表 1

单位：万吨、千克

地区	牛肉产量		牛肉人均产量		羊肉产量		羊肉人均产量	
	绝对数	位次	绝对数	位次	绝对数	位次	绝对数	位次
全国总计	**752.7**		**5.3**		**531.3**		**3.8**	
北京	0.5	30	0.2	30	0.2	31	0.1	31
天津	3.2	26	2.3	22	1.1	28	0.8	24
河北	59.4	2	8.0	10	37.5	4	5.1	7
山西	10.2	21	2.9	19	12.0	14	3.4	12
内蒙古	77.8	1	32.5	3	108.8	1	45.4	1
辽宁	32.0	10	7.6	11	6.8	19	1.6	20
吉林	49.1	6	20.9	5	9.0	17	3.8	10
黑龙江	55.2	5	17.9	7	15.6	11	5.1	8
上海	0.0	31	0.0	31	0.2	30	0.1	30
江苏	3.3	25	0.4	27	6.5	20	0.8	25
浙江	1.5	29	0.2	29	2.5	25	0.4	28
安徽	11.7	20	1.9	25	22.0	9	3.6	11
福建	2.8	27	0.7	26	2.3	26	0.6	27
江西	17.8	16	3.9	15	3.2	24	0.7	26
山东	58.2	4	5.7	12	32.8	5	3.2	13
河南	38.0	9	3.9	16	27.3	6	2.8	15
湖北	17.2	17	2.9	20	10.5	15	1.8	19
湖南	20.4	15	3.1	17	16.9	10	2.6	17
广东	4.4	24	0.3	28	1.9	27	0.2	29
广西	15.3	18	3.0	18	4.3	23	0.9	23
海南	2.0	28	1.9	24	1.1	29	1.1	22
重庆	8.5	23	2.7	21	6.9	18	2.2	18
四川	39.1	8	4.7	14	27.1	7	3.2	14
贵州	22.2	14	5.7	13	4.8	22	1.3	21
云南	44.7	7	9.6	9	22.3	8	4.8	9
西藏	23.7	12	65.1	1	5.5	21	15.2	6
陕西	9.0	22	2.3	23	10.4	16	2.6	16
甘肃	29.8	11	12.0	8	40.9	3	16.5	5
青海	22.8	13	38.4	2	13.0	13	21.9	3
宁夏	14.4	19	19.8	6	15.1	12	20.7	4
新疆	58.4	3	22.5	4	62.8	2	24.2	2

2-6　续表 2

单位：万吨、千克

地区	禽肉产量		禽肉人均产量		禽蛋产量		禽蛋人均产量	
	绝对数	位次	绝对数	位次	绝对数	位次	绝对数	位次
全国总计	**2 562.7**		**18.2**		**3 563.0**		**25.3**	
北京	0.8	29	0.4	30	9.1	27	4.2	27
天津	9.7	26	7.1	23	23.2	25	17.0	15
河北	110.9	10	15.0	12	404.6	3	54.6	2
山西	32.6	20	9.4	20	126.7	9	36.5	7
内蒙古	23.0	23	9.6	19	67.2	15	28.0	10
辽宁	184.0	4	43.9	1	311.8	4	74.4	1
吉林	91.1	11	38.9	4	95.7	12	40.9	5
黑龙江	54.7	16	17.8	9	107.4	11	34.9	8
上海	0.9	28	0.4	31	3.6	29	1.4	31
江苏	128.7	8	15.1	11	235.3	5	27.6	11
浙江	34.7	18	5.2	24	36.3	22	5.5	26
安徽	199.7	2	32.6	6	206.3	7	33.7	9
福建	166.5	6	39.8	3	69.1	14	16.5	17
江西	89.2	12	19.7	8	73.2	13	16.2	19
山东	431.5	1	42.5	2	462.2	1	45.6	3
河南	142.6	7	14.5	13	441.2	2	44.8	4
湖北	82.2	13	14.1	14	216.3	6	37.0	6
湖南	80.6	14	12.2	17	119.6	10	18.2	13
广东	194.5	3	15.3	10	49.9	18	3.9	29
广西	173.5	5	34.4	5	33.4	23	6.6	25
海南	30.3	21	29.3	7	7.1	28	6.9	24
重庆	38.6	17	12.1	18	53.1	17	16.6	16
四川	115.0	9	13.7	15	181.1	8	21.6	12
贵州	33.8	19	8.7	22	38.8	21	10.0	21
云南	62.4	15	13.3	16	46.6	19	9.9	22
西藏	0.3	30	1.0	28	1.4	31	4.0	28
陕西	11.2	25	2.8	27	65.2	16	16.5	18
甘肃	12.8	24	5.2	25	23.5	24	9.5	23
青海	0.3	31	0.5	29	1.7	30	2.9	30
宁夏	3.1	27	4.2	26	12.7	26	17.4	14
新疆	23.4	22	9.0	21	39.9	20	15.4	20

2－6　续表 3

单位：万吨、千克

地区	奶类产量		奶类人均产量		牛奶产量		牛奶人均产量	
	绝对数	位次	绝对数	位次	绝对数	位次	绝对数	位次
全国总计	**4 281.3**		**30.3**		**4 196.7**		**29.7**	
北　京	26.5	21	12.1	18	26.5	21	12.1	18
天　津	54.1	16	39.7	11	54.1	16	39.7	10
河　北	574.3	2	77.5	6	571.9	2	77.2	6
山　西	147.5	9	42.5	8	147.1	8	42.4	8
内蒙古	794.9	1	331.4	2	792.6	1	330.4	2
辽　宁	136.0	10	32.5	12	135.4	9	32.3	11
吉　林	30.9	19	13.2	16	30.8	19	13.2	16
黑龙江	504.3	3	163.7	4	503.6	3	163.5	3
上　海	30.7	20	12.4	17	30.7	20	12.4	17
江　苏	72.9	13	8.6	21	72.9	12	8.6	21
浙　江	20.9	23	3.2	23	20.9	23	3.2	23
安　徽	53.6	17	8.8	19	53.6	17	8.8	19
福　建	25.4	22	6.1	22	24.9	22	5.9	22
江　西	6.3	28	1.4	27	6.3	28	1.4	27
山　东	318.3	5	31.4	13	318.1	5	31.4	12
河　南	241.8	7	24.6	14	237.5	6	24.1	14
湖　北	9.0	26	1.5	26	9.0	26	1.5	26
湖　南	8.0	27	1.2	28	7.8	27	1.2	28
广　东	20.3	24	1.6	25	20.2	24	1.6	25
广　西	13.8	25	2.7	24	13.8	25	2.7	24
海　南	0.3	31	0.3	31	0.3	31	0.3	31
重　庆	3.1	30	1.0	30	3.1	30	1.0	30
四　川	72.1	14	8.6	20	72.0	14	8.6	20
贵　州	3.7	29	1.0	29	3.7	29	1.0	29
云　南	73.9	12	15.8	15	72.6	13	15.5	15
西　藏	64.3	15	176.4	3	59.3	15	162.8	4
陕　西	163.9	8	41.5	10	109.1	10	27.6	13
甘　肃	102.8	11	41.5	9	101.8	11	41.1	9
青　海	33.9	18	57.1	7	33.7	18	56.7	7
宁　夏	430.6	4	591.1	1	430.6	4	591.1	1
新　疆	243.2	6	93.8	5	232.8	7	89.8	5

2-7　按人口平均的主要畜产品产量

单位：千克

年　份	肉类总产量	猪牛羊肉产量	猪肉	牛肉	羊肉	禽肉产量	奶类产量	禽蛋产量
1978	9.0	9.1					1.0	
1979	11.0	11.0	10.3	0.2	0.4		1.3	
1980	12.3	12.3	11.6	0.3	0.5	0.0	1.4	2.6
1985	18.3	16.8	15.7	0.4	0.6	1.5	2.8	5.1
1990	25.2	22.1	20.1	1.1	0.9	2.8	4.2	7.0
1991	27.3	23.7	21.3	1.3	1.0	3.4	4.6	8.0
1992	29.4	25.2	22.6	1.5	1.1	3.9	4.8	8.8
1993	32.6	27.4	24.2	2.0	1.2	4.9	4.8	10.0
1994	37.8	31.0	26.9	2.7	1.4	6.3	5.1	12.4
1995	33.8	27.4	23.7	2.5	1.3	6.0	5.6	13.9
1996	37.6	30.3	25.9	2.9	1.5	6.8	6.0	16.1
1997	42.8	34.6	29.2	3.6	1.7	8.0	5.5	15.4
1998	46.1	37.0	31.3	3.9	1.9	8.5	6.0	16.3
1999	47.5	38.0	32.0	4.0	2.0	8.9	6.4	17.0
2000	47.6	37.6	31.4	4.1	2.1	9.4	7.3	17.3
2001	48.0	38.0	31.9	4.0	2.1	9.2	8.8	17.4
2002	48.7	38.5	32.2	4.1	2.2	9.3	10.9	17.7
2003	50.0	39.5	32.9	4.2	2.4	9.6	14.3	18.1
2004	51.0	40.4	33.5	4.3	2.6	9.7	18.3	18.3
2005	53.2	42.0	34.9	4.4	2.7	10.3	22.0	18.7
2006	54.1	42.8	35.5	4.4	2.8	10.4	25.2	18.5
2007	52.5	40.4	32.7	4.8	2.9	11.1	23.2	19.3
2008	55.6	43.0	35.3	4.7	3.0	11.7	24.4	20.4
2009	57.9	44.8	37.1	4.7	3.0	12.2	23.7	20.7
2010	59.8	46.2	38.4	4.7	3.0	12.6	24.0	20.8
2011	59.7	45.5	38.2	4.5	3.0	13.0	24.3	21.0
2012	62.7	47.5	40.3	4.6	3.0	13.9	24.4	21.2
2013	63.6	48.6	41.4	4.5	3.0	13.7	22.9	21.3
2014	64.6	49.9	42.7	4.5	3.1	13.4	23.9	21.3
2015	63.8	48.5	41.2	4.5	3.2	14.0	23.9	22.0
2016	62.6	46.7	39.4	4.5	3.3	14.5	22.9	22.7
2017	62.4	46.8	39.3	4.6	3.4	14.3	22.6	22.1
2018	61.9	46.4	38.8	4.6	3.4	14.3	22.6	22.3
2019	55.5	38.4	30.4	4.8	3.5	16.0	23.4	23.5
2020	54.9	37.4	29.1	4.8	3.5	16.7	25.0	24.6
2021	63.7	46.1	37.5	4.9	3.6	16.8	26.7	24.1
2022	66.1	48.0	39.2	5.1	3.7	17.3	28.5	24.5
2023	69.1	50.2	41.1	5.3	3.8	18.2	30.3	25.3

注：按年平均人口计算。

三、畜牧生产统计

3-1 全国主要畜产品产量

单位：万吨

年 份	肉类总产量	猪牛羊肉#				禽肉#	兔肉#
			猪肉	牛肉	羊肉		
1978	856.3	856.3					
1980	1 205.4	1 205.4	1 134.1	26.9	44.5		
1985	1 926.5	1 760.7	1 654.7	46.7	59.3	160.2	5.6
1990	2 857.0	2 513.5	2 281.1	125.6	106.8	322.9	9.6
1995	5 260.1	4 265.3	3 648.4	415.4	201.5	724.3	20.7
1996	4 584.0	3 694.7	3 158.0	355.7	181.0	832.7	23.7
1997	5 268.8	4 249.9	3 596.3	440.9	212.8	978.5	28.1
1998	5 723.8	4 598.2	3 883.7	479.9	234.6	1 056.3	30.8
1999	5 949.0	4 762.3	4 005.6	505.4	251.3	1 115.5	31.0
2000	6 013.9	4 743.2	3 966.0	513.1	264.1	1 191.1	37.0
2001	6 105.8	4 832.1	4 051.7	508.6	271.8	1 176.1	40.6
2002	6 234.3	4 928.4	4 123.1	521.9	283.5	1 197.1	42.3
2003	6 443.3	5 089.8	4 238.6	542.5	308.7	1 239.0	43.8
2004	6 608.7	5 234.3	4 341.0	560.4	332.9	1 257.8	46.7
2005	6 938.9	5 473.5	4 555.3	568.1	350.1	1 344.2	51.1
2006	7 099.9	5 608.4	4 650.3	590.3	367.7	1 363.1	54.4
2007	6 916.4	5 319.8	4 307.9	626.2	385.7	1 457.3	64.6
2008	7 370.9	5 692.9	4 682.0	617.7	393.2	1 550.1	58.3
2009	7 706.7	5 958.5	4 932.8	626.2	399.4	1 618.7	58.2
2010	7 993.6	6 173.5	5 138.4	629.1	406.0	1 688.9	59.6
2011	8 023.0	6 140.3	5 131.6	610.7	398.0	1 751.2	59.0
2012	8 471.1	6 462.8	5 443.5	614.7	404.5	1 878.9	58.3
2013	8 632.8	6 641.6	5 618.6	613.1	409.9	1 861.6	58.0
2014	8 817.9	6 864.2	5 820.8	615.7	427.6	1 825.4	57.4
2015	8 749.5	6 702.2	5 645.4	616.9	439.9	1 919.5	55.3
2016	8 628.3	6 502.6	5 425.5	616.9	460.3	2 001.7	53.5
2017	8 654.4	6 557.5	5 451.8	634.6	471.1	1 981.7	46.9
2018	8 624.6	6 522.9	5 403.7	644.1	475.1	1 993.7	46.6
2019	7 758.8	5 410.1	4 255.3	667.3	487.5	2 238.6	45.8
2020	7 748.4	5 278.1	4 113.3	672.4	492.3	2 361.1	48.8
2021	8 990.0	6 507.5	5 295.9	697.5	514.1	2 379.9	45.6
2022	9 328.4	6 784.2	5 541.4	718.3	524.5	2 442.6	45.9
2023	9 748.2	7 078.3	5 794.3	752.7	531.3	2 562.7	45.8

3-1　续表 1

单位：万吨

年　份	奶类产量		羊毛总产量（吨）			
		牛奶产量[#]		山羊毛产量		
					山羊粗毛	山羊绒产量
1978	97.1	88.3	152 000.0	14 000.0	10 000.0	4 000.0
1980	136.7	114.1	191 419.6	15 691.5	11 686.5	4 005.0
1985	289.4	249.9	191 453.3	13 500.3	10 511.5	2 988.8
1990	475.1	415.7	261 714.0	22 257.0	16 506.0	5 751.0
1995	672.8	576.4	315 830.0	38 455.0	29 973.0	8 482.0
1996	735.9	629.4	342 971.0	44 869.0	35 284.0	9 585.0
1997	681.1	601.1	289 550.0	34 491.0	25 865.0	8 626.0
1998	745.4	662.9	318 761.0	41 216.0	31 417.0	9 799.0
1999	806.9	717.6	325 181.0	42 029.0	31 849.0	10 180.0
2000	919.1	827.4	336 825.0	44 323.0	33 266.0	11 057.0
2001	1 122.6	1 025.5	343 463.0	45 209.0	34 241.0	10 968.0
2002	1 400.4	1 299.8	354 812.1	47 224.1	35 459.1	11 765.0
2003	1 848.6	1 746.3	388 277.9	50 219.7	36 691.7	13 528.0
2004	2 368.4	2 260.6	426 143.5	52 241.8	37 727.1	14 514.7
2005	2 864.8	2 753.4	445 510.3	52 338.7	36 903.9	15 434.8
2006	3 051.6	2 944.6	439 037.0	51 394.1	35 171.1	16 222.9
2007	3 055.2	2 947.1	422 072.8	50 997.9	35 333.2	15 664.7
2008	3 236.2	3 010.6	421 675.4	52 010.8	35 477.2	16 533.6
2009	3 153.9	2 995.1	410 623.9	52 502.8	35 909.6	16 593.2
2010	3 211.3	3 038.9	439 199.2	54 073.8	36 225.9	17 847.9
2011	3 262.8	3 109.9	441 683.0	55 196.2	38 070.3	17 125.9
2012	3 306.7	3 174.9	451 440.7	57 716.1	40 505.3	17 210.8
2013	3 118.9	3 000.8	459 603.0	57 522.2	40 214.9	17 307.3
2014	3 276.5	3 159.9	464 350.6	57 120.5	38 655.4	18 465.1
2015	3 295.5	3 179.8	467 304.2	54 170.4	35 486.8	18 683.6
2016	3 173.9	3 064.0	466 271.9	54 629.5	35 785.3	18 844.2
2017	3 148.6	3 038.6	461 237.5	50 715.0	32 862.7	17 852.3
2018	3 176.8	3 074.6	399 010.3	42 402.7	26 965.0	15 437.8
2019	3 297.6	3 201.2	380 959.8	39 839.7	24 875.3	14 964.4
2020	3 529.6	3 440.1	372 901.9	39 277.2	24 033.6	15 243.6
2021	3 778.1	3 682.7	394 650.6	38 434.0	23 331.8	15 102.2
2022	4 026.5	3 931.6	395 678.6	39 485.1	24 836.5	14 648.5
2023	4 281.3	4 196.7	408 217.3	40 712.0	23 122.6	17 589.4

3-1 续表2

单位：万吨

年 份	羊毛总产量（吨）（续）			蜂蜜产量	禽蛋产量
	绵羊毛产量	细羊毛#	半细羊毛#		
1978	138 000.0				
1980	175 728.1	69 034.5	34 586.5	9.6	256.6
1985	177 953.0	85 861.4	32 069.6	15.5	534.7
1990	239 457.0	119 457.0	44 246.0	19.3	794.6
1995	277 375.0	114 218.5	70 369.2	17.8	1 676.7
1996	298 102.0	121 020.0	74 099.0	18.3	1 965.2
1997	255 059.0	116 054.0	55 683.0	21.1	1 897.1
1998	277 545.0	115 752.0	68 775.0	20.7	2 021.3
1999	283 152.0	114 103.0	73 700.0	23.0	2 134.7
2000	292 502.0	117 386.0	84 921.0	24.6	2 182.0
2001	298 254.0	114 651.0	88 075.0	25.2	2 210.1
2002	307 588.0	112 193.0	102 418.7	26.5	2 265.7
2003	338 058.2	120 263.0	110 249.2	28.9	2 333.1
2004	373 901.7	130 413.2	119 513.7	29.3	2 370.6
2005	393 171.6	127 862.2	123 067.8	29.3	2 438.1
2006	387 642.9	130 959.3	116 043.0	33.4	2 424.0
2007	371 074.9	124 262.2	108 635.0	38.0	2 546.7
2008	369 664.6	119 278.9	105 272.4	38.5	2 699.6
2009	358 121.1	124 364.8	109 013.3	39.7	2 751.9
2010	385 125.4	123 504.2	113 997.9	38.2	2 776.9
2011	386 486.8	132 876.7	113 305.3	41.2	2 830.4
2012	393 724.6	124 716.0	127 313.0	43.8	2 885.4
2013	402 080.8	131 729.9	128 335.4	43.7	2 905.5
2014	407 230.1	122 250.8	132 692.8	46.3	2 930.3
2015	413 133.8	130 536.6	134 905.3	47.3	3 046.1
2016	411 642.4	129 164.2	137 972.7	55.5	3 160.5
2017	410 522.5	127 920.7	133 458.5	54.3	3 096.3
2018	356 607.6	117 891.3	120 429.9	44.7	3 128.3
2019	341 120.2	108 972.8	113 283.8	44.4	3 309.0
2020	333 624.7	106 109.3	116 848.5	45.8	3 467.8
2021	356 216.6	98 153.5	128 262.1	47.3	3 408.8
2022	356 193.5	68 798.8	155 024.4	46.2	3 456.4
2023	367 505.3	80 068.7	172 286.0	46.3	3 563.0

3-2 全国主要牲畜年末存栏量

单位：万头、万只

年 份	大牲畜				
		牛	马	驴	骡
1978	9 389.0	7 072.4	1 124.5	748.1	386.8
1980	9 524.6	7 167.6	1 104.2	774.8	416.6
1985	11 381.8	8 682.0	1 108.1	1 041.5	497.2
1990	13 021.3	10 288.4	1 017.4	1 119.8	549.4
1995	12 728.4	10 420.1	861.1	945.5	476.9
1996	13 360.2	11 031.8	871.5	944.4	478.0
1997	14 541.8	12 182.2	891.2	952.8	480.6
1998	14 803.2	12 441.9	898.1	955.8	473.9
1999	15 024.8	12 698.3	891.4	934.8	467.3
2000	14 638.1	12 353.2	876.6	922.7	453.0
2001	13 980.9	11 809.2	826.0	881.5	436.2
2002	13 672.3	11 567.8	808.8	849.9	419.4
2003	13 467.3	11 434.4	790.0	820.7	395.7
2004	13 191.4	11 235.4	763.9	791.9	374.0
2005	12 894.8	10 990.8	740.0	777.2	360.4
2006	12 325.7	10 503.1	719.3	730.9	345.5
2007	11 998.2	10 397.5	646.7	638.9	291.0
2008	11 529.7	10 068.0	594.7	600.4	243.8
2009	11 380.8	10 035.9	562.3	540.4	219.7
2010	11 074.6	9 820.0	529.9	510.1	191.5
2011	10 580.0	9 384.0	515.4	485.3	171.1
2012	10 248.4	9 137.3	465.2	462.4	159.0
2013	10 008.6	8 985.8	431.7	425.7	138.0
2014	9 952.0	9 007.3	415.8	383.6	117.4
2015	9 929.8	9 055.8	397.5	342.4	104.1
2016	9 559.9	8 834.5	351.2	259.3	84.5
2017	9 763.6	9 038.7	343.6	267.8	81.1
2018	9 625.5	8 915.3	347.3	253.3	75.8
2019	9 877.4	9 138.3	367.1	260.1	71.4
2020	10 265.1	9 562.1	367.2	232.4	62.3
2021	10 486.8	9 817.2	372.5	196.7	54.2
2022	10 859.0	10 215.9	366.7	173.5	48.8
2023	11 115.4	10 508.5	359.1	146.0	43.8

3-2　续表

单位：万头、万只

年　份	大牲畜（续）	猪		羊		
	骆驼		能繁母猪#		山羊	绵羊
1978	57.4	30 129.0		16 994.0	7 354.0	9 640.0
1980	61.4	30 543.1	2 162.0	18 731.1	8 068.4	10 662.7
1985	53.0	33 139.6	2 547.3	15 588.4	6 167.4	9 421.0
1990	46.3	36 240.8	2 521.4	21 002.1	9 720.5	11 281.6
1995	34.1	35 040.8	3 660.5	21 748.7	10 794.0	10 945.7
1996	34.5	36 283.6	2 694.5	23 728.3	12 315.8	11 412.5
1997	35.0	40 034.8	3 268.5	25 575.7	13 480.1	12 095.6
1998	33.5	42 256.3	3 495.1	26 903.5	14 168.3	12 735.2
1999	33.0	43 144.2	3 544.0	27 925.8	14 816.3	13 109.5
2000	32.6	41 633.6	3 954.2	27 948.2	14 945.6	13 002.6
2001	27.9	41 950.5	4 364.4	27 625.0	14 562.3	13 062.8
2002	26.4	41 776.2	4 378.5	28 240.9	14 841.2	13 399.7
2003	26.5	41 381.8	4 455.1	29 307.4	14 967.9	14 339.5
2004	26.2	42 123.4	4 605.2	30 426.0	15 195.5	15 230.5
2005	26.6	43 319.1	4 893.0	29 792.7	14 659.0	15 133.7
2006	26.9	41 854.4	3 924.2	28 337.6	13 956.1	14 381.5
2007	24.1	43 933.2	4 526.0	28 606.7	14 564.1	14 042.5
2008	22.8	46 433.1	4 944.1	28 823.7	15 067.0	13 756.7
2009	22.6	47 177.2	5 015.7	29 063.0	14 734.0	14 328.9
2010	23.0	46 765.2	4 916.4	28 730.2	14 195.0	14 535.2
2011	24.3	47 074.8	4 977.6	28 664.1	14 087.4	14 576.7
2012	24.5	48 030.2	5 108.0	28 512.7	13 932.3	14 580.4
2013	27.4	47 893.1	5 200.6	28 935.2	13 657.5	15 277.7
2014	28.0	47 160.2	5 021.9	30 391.3	14 167.5	16 223.8
2015	30.1	45 802.9	4 755.4	31 174.3	14 507.5	16 666.8
2016	30.5	44 209.2	4 521.7	29 930.5	13 691.8	16 238.8
2017	32.3	44 158.9	4 471.5	30 231.7	13 823.8	16 407.9
2018	33.8	42 817.1	4 261.0	29 713.5	13 574.7	16 138.8
2019	40.5	31 040.7	3 080.5	30 072.1	13 723.2	16 349.0
2020	41.1	40 650.4	4 161.3	30 654.8	13 345.2	17 309.5
2021	46.2	44 922.4	4 328.7	31 969.3	13 331.6	18 637.7
2022	54.1	45 255.7	4 390.5	32 627.3	13 224.2	19 403.0
2023	58.0	43 422.3	4 142.1	32 232.6	12 934.2	19 298.4

3-3　全国主要畜禽年出栏量

单位：万头、万只

年　份	猪	牛	羊	家禽	兔
1978	16 109.5	240.3	2 621.9		
1980	19 860.7	332.2	4 241.9		
1985	23 875.2	456.5	5 080.5		
1990	30 991.0	1 088.3	8 931.4	243 391.1	7 314.9
1995	37 849.6	2 243.0	11 418.0	488 392.6	15 019.9
1996	41 225.2	2 685.9	13 412.5	557 127.2	16 666.6
1997	46 483.7	3 283.9	15 945.5	638 853.2	20 984.5
1998	50 215.1	3 587.1	17 279.5	684 378.7	21 741.3
1999	51 977.2	3 766.2	18 820.4	743 165.1	22 103.0
2000	51 862.3	3 806.9	19 653.4	809 857.1	25 878.2
2001	53 281.1	3 794.8	21 722.5	808 834.8	28 992.5
2002	54 143.9	3 896.2	23 280.8	832 858.9	30 560.2
2003	55 701.8	4 000.1	25 958.3	888 587.8	31 938.4
2004	57 278.5	4 101.0	28 343.0	907 021.8	33 985.9
2005	60 367.4	4 148.7	24 092.0	943 091.4	37 840.4
2006	61 209.0	4 226.8	24 733.9	930 548.3	40 367.7
2007	56 640.9	4 307.0	25 545.7	963 219.8	43 662.5
2008	61 278.9	4 243.1	25 926.6	1 032 426.3	39 199.3
2009	64 990.9	4 292.3	26 434.5	1 076 672.8	38 546.2
2010	67 332.7	4 318.3	26 808.3	1 122 429.1	39 239.0
2011	67 030.0	4 200.6	26 232.2	1 160 716.8	38 046.3
2012	70 724.5	4 219.3	26 606.2	1 244 696.4	37 775.4
2013	72 768.0	4 189.9	26 962.7	1 232 371.6	37 591.3
2014	74 951.5	4 200.4	28 051.4	1 202 592.0	36 699.5
2015	72 415.6	4 211.4	28 761.4	1 259 132.0	35 888.4
2016	70 073.9	4 265.0	30 005.3	1 319 534.2	35 056.7
2017	70 202.1	4 340.3	30 797.7	1 302 190.6	31 955.3
2018	69 382.4	4 397.5	31 010.5	1 308 936.0	31 670.9
2019	54 419.2	4 533.9	31 698.9	1 464 062.2	31 323.1
2020	52 704.1	4 565.5	31 941.3	1 557 008.0	33 231.4
2021	67 128.0	4 707.4	33 045.0	1 574 123.8	31 682.7
2022	69 994.8	4 839.9	33 623.7	1 613 843.0	32 080.8
2023	72 662.4	5 023.5	33 863.6	1 682 376.0	31 304.9

3-4　全国畜牧生产及增长情况

单位：万头、万只、万吨

项　　目	2023年	2022年	2023年比2022年增减	
			绝对数	%
当年畜禽出栏				
一、大牲畜				
1. 牛	5 023.5	4 839.9	183.6	3.8
2. 马	112.2	104.8	7.4	7.0
3. 驴	84.5	86.1	−1.6	−1.8
4. 骡	8.4	10.0	−1.6	−15.6
5. 骆驼	11.9	12.3	−0.5	−3.8
二、猪	72 662.4	69 994.8	2 667.6	3.8
三、羊	33 863.6	33 623.7	240.0	0.7
1. 山羊	14 853.4	15 116.7	−263.2	−1.7
2. 绵羊	19 010.2	18 507.0	503.2	2.7
四、家禽	1 682 376.0	1 613 843.0	68 533.0	4.2
五、兔	31 304.9	32 080.8	−775.8	−2.4
年末存栏				
一、大牲畜	11 115.4	10 859.0	256.3	2.4
1. 牛	10 508.5	10 215.9	292.7	2.9
其中：肉牛	9 275.5	8 454.1	821.4	9.7
奶牛	1 233.0	1 160.1	73.0	6.3
2. 马	359.1	366.7	−7.6	−2.1
3. 驴	146.0	173.5	−27.5	−15.9
4. 骡	43.8	48.8	−5.0	−10.2
5. 骆驼	58.0	54.1	3.8	7.1
二、猪	43 422.3	45 255.7	−1 833.5	−4.1
其中：能繁母猪	4 142.1	4 390.5	−248.4	−5.7

3－4　续表

单位：万头、万只、万吨

项　　目	2023 年	2022 年	2023 年比 2022 年增减	
			绝对数	%
三、羊	32 232.6	32 627.3	－394.7	－1.2
1. 山羊	12 934.2	13 224.2	－290.0	－2.2
2. 绵羊	19 298.4	19 403.0	－104.6	－0.5
四、家禽	678 421.6	677 325.2	1 096.4	0.2
五、兔	9 920.4	10 039.5	－119.1	－1.2
畜产品产量				
一、肉类总产量	9 748.2	9 328.4	419.8	4.5
1. 牛肉	752.7	718.3	34.4	4.8
平均每头产肉量（千克/头）	149.8	148.4	1.4	1.0
2. 猪肉	5 794.3	5 541.4	252.9	4.6
平均每头产肉量（千克/头）	79.7	79.2	0.6	0.7
3. 羊肉	531.3	524.5	6.7	1.3
平均每只产肉量（千克/只）	15.7	15.6	0.1	0.6
4. 禽肉	2 562.7	2 442.6	120.1	4.9
5. 兔肉	45.8	45.9	－0.2	－0.4
二、奶类产量	4 281.3	4 026.5	254.8	6.3
其中：牛奶产量	4 196.7	3 931.6	265.0	6.7
三、山羊毛产量（吨）	40 712.0	39 485.1	1 227.0	3.1
其中：山羊粗毛产量	23 122.6	24 836.5	－1 713.9	－6.9
山羊绒产量	17 589.4	14 648.5	2 940.9	20.1
四、绵羊毛产量（吨）	367 505.3	356 193.5	11 311.7	3.2
其中：细羊毛	80 068.7	68 798.8	11 269.9	16.4
半细羊毛	172 286.0	155 024.4	17 261.6	11.1
五、蜂蜜产量	46.3	46.2	0.2	0.3
六、禽蛋产量	3 563.0	3 456.4	106.6	3.1
七、蚕茧产量	83.4	80.7	2.8	3.4
其中：桑蚕茧	77.2	74.8	2.4	3.2
柞蚕茧	6.2	5.8	0.4	7.0

3-5 各地区主要畜禽出栏量

单位：万头、万只

地区	猪	牛	羊	家禽	兔
全国总计	**72 662.4**	**5 023.5**	**33 863.6**	**1 682 376.0**	**31 304.9**
北京	32.9	2.8	12.1	513.8	0.4
天津	205.4	16.9	46.2	6 022.4	1.3
河北	3 648.4	360.2	2 708.4	74 672.1	324.7
山西	1 276.1	64.4	800.2	23 031.6	132.1
内蒙古	910.2	463.7	6 494.1	11 757.0	60.6
辽宁	2 970.5	201.6	596.3	109 965.0	24.2
吉林	1 927.7	289.9	711.4	49 109.5	81.3
黑龙江	2 414.3	325.8	912.6	32 683.7	155.6
上海	120.4	0.0	12.1	575.2	1.8
江苏	2 408.5	16.8	556.1	78 012.9	562.0
浙江	953.2	9.5	135.0	22 406.8	169.8
安徽	3 075.5	74.1	1 547.4	118 783.4	119.3
福建	1 695.0	25.0	158.9	115 801.0	1 433.8
江西	3 143.6	140.2	188.7	59 810.2	489.4
山东	4 659.7	268.5	2 297.4	310 282.1	2 396.4
河南	6 102.3	245.9	2 207.6	100 805.2	1 650.5
湖北	4 438.5	113.8	630.9	61 689.7	247.8
湖南	6 286.3	171.4	1 018.2	55 857.8	811.5
广东	3 794.0	35.1	108.9	137 385.0	289.5
广西	3 516.6	144.1	260.2	110 973.0	432.8
海南	496.5	21.2	76.9	17 114.0	1.5
重庆	1 974.9	62.4	450.6	25 018.6	2 265.3
四川	6 662.7	316.4	1 767.3	76 511.9	17 971.7
贵州	2 048.0	167.8	273.3	19 126.4	382.6
云南	4 627.0	364.8	1 269.5	32 871.5	96.0
西藏	25.3	159.1	326.9	174.9	1.0
陕西	1 298.3	60.5	641.7	7 128.4	329.2
甘肃	958.6	261.4	2 558.2	9 829.6	232.0
青海	62.6	211.6	710.1	158.5	2.0
宁夏	103.8	87.7	843.3	1 466.3	65.9
新疆	825.6	340.8	3 543.2	12 838.6	573.0

3-6 各地区主要畜禽年末存栏量

单位：万头、万只

地区	大牲畜	牛			马	驴	骡	骆驼
			肉牛#	奶牛#				
全国总计	**11 115.4**	**10 508.5**	**9 275.5**	**1 233.0**	**359.1**	**146.0**	**43.8**	**58.0**
北　京	8.5	8.3	2.8	5.5	0.0	0.1	0.0	
天　津	32.4	31.4	20.8	10.6	0.1	0.9	0.0	0.0
河　北	439.3	414.6	263.5	151.0	9.2	12.7	2.7	0.1
山　西	163.2	155.5	117.3	38.2	1.1	5.2	1.4	0.0
内蒙古	1 069.7	947.7	779.0	168.7	75.6	24.8	1.0	20.6
辽　宁	316.7	290.2	263.8	26.5	3.8	20.6	2.0	0.0
吉　林	438.1	427.4	417.5	9.8	5.8	4.5	0.5	0.0
黑龙江	551.4	541.5	432.8	108.7	7.6	2.1	0.2	0.0
上　海	6.2	6.1		6.1	0.1			
江　苏	31.5	31.3	16.4	14.9	0.0	0.1		
浙　江	15.1	15.1	10.6	4.5				
安　徽	109.8	109.3	94.7	14.5	0.1	0.5	0.0	0.0
福　建	30.9	30.9	26.0	4.9		0.0	0.0	
江　西	232.8	232.6	231.6	1.0	0.1	0.1		0.0
山　东	272.2	269.0	186.6	82.3	0.5	2.7	0.0	0.0
河　南	382.8	380.7	341.6	39.2	0.3	1.7	0.1	
湖　北	234.3	234.0	232.4	1.7	0.1	0.1	0.0	0.0
湖　南	412.1	410.7	406.8	3.9	1.2	0.1	0.0	
广　东	98.5	98.5	92.4	6.1	0.0			
广　西	363.4	349.8	343.6	6.2	11.0	0.0	2.5	
海　南	47.6	47.6	47.4	0.1				
重　庆	111.8	110.9	110.3	0.6	0.6	0.1	0.2	
四　川	921.1	848.5	773.2	75.3	58.4	7.4	6.9	
贵　州	514.3	503.6	502.7	0.9	10.2	0.1	0.4	
云　南	943.5	897.4	875.4	22.0	11.2	16.8	18.1	0.0
西　藏	734.7	710.4	595.4	115.0	21.6	1.8	0.8	
陕　西	155.7	152.3	124.4	27.9	0.3	3.0	0.1	0.0
甘　肃	607.0	558.9	521.3	37.6	12.9	24.6	6.6	4.0
青　海	647.5	632.0	619.2	12.8	13.5	0.2	0.2	1.6
宁　夏	247.6	246.6	154.7	92.0	0.2	0.6	0.0	0.1
新　疆	975.9	815.6	671.2	144.5	113.5	15.2	0.1	31.6

3-6 续表

单位：万头、万只

地区	猪		羊			家禽	兔
		能繁母猪#		山羊	绵羊		
全国总计	**43 422.3**	**4 142.1**	**32 232.6**	**12 934.2**	**19 298.4**	**678 421.6**	**9 920.4**
北　京	26.7	5.3	22.0	7.5	14.5	744.5	0.2
天　津	117.0	15.4	51.3	9.0	42.3	2 182.1	1.0
河　北	1 793.8	171.7	1 414.4	346.7	1 067.7	39 018.7	111.4
山　西	814.1	74.1	1 172.3	431.7	740.6	15 619.7	46.5
内蒙古	629.9	61.2	6 180.6	1 518.3	4 662.3	5 929.1	23.2
辽　宁	1 337.2	157.3	765.8	358.4	407.4	45 061.2	11.0
吉　林	1 172.4	108.9	720.2	45.9	674.3	16 006.4	16.2
黑龙江	1 311.9	126.7	812.7	104.2	708.5	14 348.1	53.1
上　海	102.2	8.8	15.0	13.7	1.3	450.4	1.4
江　苏	1 412.3	125.5	358.3	318.9	39.4	33 080.3	136.7
浙　江	608.9	65.1	146.2	30.7	115.5	8 519.0	76.8
安　徽	1 551.7	142.8	642.9	588.8	54.0	33 560.1	36.5
福　建	948.6	94.0	99.1	96.1	3.0	23 438.2	595.0
江　西	1 676.0	163.2	144.3	129.2	15.1	24 030.4	170.9
山　东	2 801.2	287.8	1 353.2	485.4	867.9	90 517.0	571.6
河　南	4 039.0	370.7	1 931.7	1 596.8	334.9	60 071.3	747.1
湖　北	2 595.3	236.8	527.1	527.1		39 704.0	68.1
湖　南	3 861.3	350.1	752.8	752.8		36 865.6	324.3
广　东	2 049.2	195.8	83.8	83.8	0.1	40 231.5	124.6
广　西	2 268.5	221.3	276.6	255.5	21.1	34 324.4	170.5
海　南	317.2	35.0	56.1	56.1		5 086.0	1.5
重　庆	1 173.2	115.6	332.5	332.5		12 436.2	670.7
四　川	3 855.0	369.0	1 382.0	1 196.1	185.9	43 472.6	5 424.2
贵　州	1 533.9	131.7	332.9	315.1	17.8	12 742.1	129.6
云　南	3 160.1	284.6	1 406.5	1 307.6	98.9	18 509.1	61.3
西　藏	46.5	11.6	940.2	247.8	692.3	229.7	0.6
陕　西	890.2	83.6	916.7	756.5	160.2	7 823.2	118.7
甘　肃	696.0	62.9	2 805.8	392.1	2 413.7	6 718.5	77.5
青　海	51.5	5.9	1 344.8	40.8	1 304.0	159.9	1.2
宁　夏	79.2	7.7	720.5	137.6	583.0	1 403.2	30.0
新　疆	502.3	51.8	4 524.4	451.5	4 072.9	6 139.0	119.0

3－7 全国肉类产品产量构成

单位：%

年 份	肉类总产量					
		猪肉	牛肉	羊肉	禽肉	其他
1985	100	85.9	2.4	3.1	8.3	0.3
1990	100	79.8	4.4	3.7	11.3	0.7
1995	100	70.0	7.3	3.7	17.8	1.2
1996	100	68.9	7.8	3.9	18.2	1.2
1997	100	68.3	8.4	4.0	18.6	0.8
1998	100	67.9	8.4	4.1	18.5	1.2
1999	100	67.3	8.5	4.2	18.8	1.2
2000	100	65.9	8.5	4.4	19.8	1.3
2001	100	66.4	8.3	4.5	19.3	1.6
2002	100	66.1	8.4	4.5	19.2	1.7
2003	100	65.8	8.4	4.8	19.2	1.8
2004	100	65.7	8.5	5.0	19.0	1.8
2005	100	65.6	8.2	5.0	19.4	1.7
2006	100	65.5	8.3	5.2	19.2	1.8
2007	100	62.3	9.1	5.6	21.1	2.0
2008	100	63.5	8.4	5.3	21.0	1.7
2009	100	64.0	8.1	5.2	21.0	1.7
2010	100	64.3	7.9	5.1	21.1	1.6
2011	100	64.0	7.6	5.0	21.8	1.6
2012	100	64.3	7.3	4.8	22.2	1.5
2013	100	65.1	7.1	4.7	21.6	1.5
2014	100	66.0	7.0	4.8	20.7	1.5
2015	100	64.5	7.1	5.0	21.9	1.5
2016	100	62.9	7.1	5.3	23.2	1.4
2017	100	63.0	7.3	5.4	22.9	1.3
2018	100	62.7	7.5	5.5	23.1	1.3
2019	100	54.8	8.6	6.3	28.9	1.4
2020	100	53.1	8.7	6.4	30.5	1.4
2021	100	58.9	7.8	5.7	26.5	1.1
2022	100	59.4	7.7	5.6	26.2	1.1
2023	100	59.4	7.7	5.4	26.3	1.1

3-8 各地区肉类产量

单位：万吨

地　区	肉类总产量				
		猪肉#	牛肉#	羊肉#	禽肉#
全国总计	**9 748.2**	**5 794.3**	**752.7**	**531.3**	**2 562.7**
北　京	4.2	2.7	0.5	0.2	0.8
天　津	31.5	17.4	3.2	1.1	9.7
河　北	495.0	283.3	59.4	37.5	110.9
山　西	155.0	99.5	10.2	12.0	32.6
内蒙古	291.2	75.7	77.8	108.8	23.0
辽　宁	473.7	249.1	32.0	6.8	184.0
吉　林	309.4	158.5	49.1	9.0	91.1
黑龙江	328.5	201.8	55.2	15.6	54.7
上　海	12.2	10.7	0.0	0.2	0.9
江　苏	331.7	191.3	3.3	6.5	128.7
浙　江	119.9	80.8	1.5	2.5	34.7
安　徽	497.1	262.4	11.7	22.0	199.7
福　建	311.4	135.5	2.8	2.3	166.5
江　西	369.1	257.4	17.8	3.2	89.2
山　东	910.1	382.8	58.2	32.8	431.5
河　南	679.1	465.3	38.0	27.3	142.6
湖　北	457.9	347.2	17.2	10.5	82.2
湖　南	582.6	461.8	20.4	16.9	80.6
广　东	507.5	298.0	4.4	1.9	194.5
广　西	478.9	276.0	15.3	4.3	173.5
海　南	76.4	42.1	2.0	1.1	30.3
重　庆	215.8	158.2	8.5	6.9	38.6
四　川	697.1	489.7	39.1	27.1	115.0
贵　州	246.9	184.6	22.2	4.8	33.8
云　南	536.1	405.4	44.7	22.3	62.4
西　藏	31.3	1.7	23.7	5.5	0.3
陕　西	135.7	104.5	9.0	10.4	11.2
甘　肃	157.4	72.7	29.8	40.9	12.8
青　海	41.4	5.2	22.8	13.0	0.3
宁　夏	41.4	8.6	14.4	15.1	3.1
新　疆	222.6	64.4	58.4	62.8	23.4

3-9 各地区羊毛、羊绒产量

单位：吨

地区	羊毛总产量	山羊毛产量	山羊粗毛	山羊绒	绵羊毛产量	细羊毛#	半细羊毛#
全国总计	**408 217.3**	**40 712.0**	**23 122.6**	**17 589.4**	**367 505.3**	**80 068.7**	**172 286.0**
北京	8.4	4.5	3.1	1.4	3.9	0.4	1.3
天津	468.9	6.7	6.6	0.1	462.1	35.4	426.8
河北	31 457.9	3 040.3	2 321.1	719.3	28 417.5	6 341.2	18 892.8
山西	15 569.0	3 685.4	2 158.6	1 526.8	11 883.6	3 354.4	8 135.4
内蒙古	135 782.9	14 592.1	5 956.2	8 635.8	121 190.8	27 461.4	37 509.3
辽宁	9 808.5	3 139.1	1 747.5	1 391.5	6 669.5	841.3	5 828.2
吉林	15 054.3	130.4	85.5	44.9	14 923.9	3 148.9	11 760.0
黑龙江	24 786.8	486.8	440.2	46.6	24 300.0	3 549.7	20 750.3
上海	61.0	51.7	51.7		9.3	8.1	1.3
江苏	321.8	3.6	3.5	0.1	318.2	74.7	243.4
浙江	1 759.6	36.2	36.2		1 723.4		1 723.4
安徽	345.4	37.9	23.1	14.8	307.5	226.9	80.5
福建	4.0				4.0	2.0	2.0
江西	35.2	9.0	6.3	2.7	26.3	6.2	20.1
山东	7 157.3	450.5	404.2	46.3	6 706.8	655.9	5 950.8
河南	4 342.9	1 708.7	1 560.5	148.2	2 634.1	525.1	1 737.6
湖北	51.7	26.8	26.4	0.4	24.9	16.7	8.2
湖南	5.3	5.2	3.9	1.3	0.2	0.0	0.1
广东							
广西							
海南							
重庆	0.2	0.2	0.2				
四川	4 775.3	287.2	228.8	58.4	4 488.1	776.6	3 711.4
贵州	302.1	12.0	10.7	1.3	290.1	85.2	204.9
云南	1 005.1	104.2	87.4	16.8	900.8	161.5	686.8
西藏	7 662.5	1 426.7	708.3	718.4	6 235.8	3 330.4	2 174.4
陕西	7 433.3	3 934.6	1 915.8	2 018.8	3 498.7	628.4	2 642.6
甘肃	42 725.3	1 993.8	1 547.8	446.1	40 731.5	11 789.2	8 438.5
青海	13 187.2	537.5	363.3	174.1	12 649.8	2 038.2	9 942.3
宁夏	9 165.5	953.2	605.3	347.9	8 212.3	2 515.5	5 542.7
新疆	74 940.0	4 047.8	2 820.4	1 227.4	70 892.2	12 495.2	25 871.1

3-10 各地区其他畜产品产量

单位：万吨

地区	奶类产量		禽蛋产量	蜂蜜产量
		牛奶产量#		
全国总计	**4 281.3**	**4 196.7**	**3 563.0**	**46.3**
北京	26.5	26.5	9.1	0.1
天津	54.1	54.1	23.2	0.0
河北	574.3	571.9	404.6	1.7
山西	147.5	147.1	126.7	0.8
内蒙古	794.9	792.6	67.2	0.2
辽宁	136.0	135.4	311.8	0.2
吉林	30.9	30.8	95.7	0.8
黑龙江	504.3	503.6	107.4	1.4
上海	30.7	30.7	3.6	0.1
江苏	72.9	72.9	235.3	0.5
浙江	20.9	20.9	36.3	5.0
安徽	53.6	53.6	206.3	1.3
福建	25.4	24.9	69.1	1.9
江西	6.3	6.3	73.2	1.7
山东	318.3	318.1	462.2	0.9
河南	241.8	237.5	441.2	4.9
湖北	9.0	9.0	216.3	2.0
湖南	8.0	7.8	119.6	1.8
广东	20.3	20.2	49.9	3.2
广西	13.8	13.8	33.4	3.1
海南	0.3	0.3	7.1	0.1
重庆	3.1	3.1	53.1	2.2
四川	72.1	72.0	181.1	6.7
贵州	3.7	3.7	38.8	0.3
云南	73.9	72.6	46.6	1.2
西藏	64.3	59.3	1.4	0.0
陕西	163.9	109.1	65.2	1.7
甘肃	102.8	101.8	23.5	0.9
青海	33.9	33.7	1.7	0.0
宁夏	430.6	430.6	12.7	0.1
新疆	243.2	232.8	39.9	1.5

四、畜牧专业统计

4-1 全国种畜禽场站情况

单位：个、头、只、匹、套、箱、枚、万份

指标名称	场数	年末存栏	能繁母畜	当年出场种畜禽	当年生产胚胎	当年生产精液
一、种畜禽场总数	8 749					
(一) 种牛场	661	2 084 317	1 149 162	136 699	76 877	
1. 种奶牛场	315	1 631 647	921 065	75 862	38 021	
2. 种肉牛场	292	323 408	165 958	40 360	37 686	
3. 种水牛场	12	3 197	1 810	389		
4. 种牦牛场	42	126 065	60 329	20 088	1 170	
(二) 种马场	51	14 591	8 521	1 853		
(三) 种猪场	4 405	38 901 635	9 778 218	17 258 434		
(四) 种羊场	1 030	3 971 878	2 142 699	1 780 504	349 719	
1. 种绵羊场	657	3 432 525	1 847 004	1 544 347	274 473	
其中：种细毛羊场	85	364 877	208 260	108 535	43 844	
2. 种山羊场	373	539 353	295 695	236 157	75 246	
其中：种绒山羊场	121	105 537	63 520	38 442	1 032	
(五) 种禽场	2 294					
1. 种蛋鸡场	438	33 531 976				
其中：祖代及以上蛋鸡场	81	2 110 015		35 280 336		
父母代蛋鸡场	357	31 421 961				
2. 种肉鸡场	1 409	116 044 144				
其中：祖代及以上肉鸡场	192	7 975 424		139 425 324		
父母代肉鸡场	1 217	108 068 720				
3. 种鸭场	315	16 953 795				
4. 种鹅场	132	1 390 601				
(六) 种兔场	60	1 363 982				
(七) 种蜂场	104	65 392				
(八) 其他	144					
二、种畜站总数	765					
1. 种公牛站	47	6 880				4 485.0
2. 种公羊站	11	5 807				5.1
3. 种公猪站	707	157 280				5 124.8

4－2　全国畜牧技术机构基本情况

项　　目	单位	畜牧站	家畜繁育改良站	草原工作站	饲料监察所
一、省级机构数	个	31	10	3	16
在编干部职工人数	人	1 300	575	86	458
其中：按职称分					
高级技术职称	人	577	132	27	226
中级技术职称	人	381	124	28	122
初级技术职称	人	180	101	11	47
其中：按学历分					
研究生	人	451	62	45	178
大学本科	人	665	292	22	233
大学专科	人	118	70	6	38
中专	人	32	29	2	5
离退休人员	人	1 075	863	56	264
二、地（市）级机构数	个	269	19	11	23
在编干部职工总数	人	4 654	359	82	193
其中：按职称分					
高级技术职称	人	1 470	112	27	60
中级技术职称	人	1 364	117	30	45
初级技术职称	人	725	47	11	21

4-2 续表

项　　目	单位	畜牧站	家畜繁育改良站	草原工作站	饲料监察所
其中：按学历分					
研究生	人	931	75	12	33
大学本科	人	2 576	161	48	115
大学专科	人	764	52	14	34
中专	人	201	16	5	10
离退休人员	人	2 912	328	41	77
三、县（市）级机构数	个	2 363	287	121	233
在编干部职工总数	人	37 386	2 257	772	2 101
其中：按职称分					
高级技术职称	人	8 314	492	213	403
中级技术职称	人	12 405	735	273	731
初级技术职称	人	8 398	573	176	507
其中：按学历分					
研究生	人	2 016	76	44	48
大学本科	人	18 172	919	377	774
大学专科	人	11 394	685	257	739
中专	人	3 960	337	70	340
离退休人员	人	21 891	1 372	255	530

4－3　全国乡镇畜牧兽医站基本情况

项　目	单位	数量
一、站数	个	24 183
二、职工总数	人	116 674
在编人数	人	91 604
其中：按职称分		
高级技术职称	人	14 159
中级技术职称	人	31 871
初级技术职称	人	27 985
技术员	人	10 358
其中：按学历分		
研究生	人	1 123
大学本科	人	32 469
大学专科	人	38 267
中专	人	15 582
三、离退休人员	人	46 211
四、经营情况		
盈余站数	个	683
盈余金额	万元	1 129.1
亏损站数	个	730
亏损金额	万元	4 874.9
五、全年总收入	万元	912 481.0
其中：经营服务收入	万元	49 717.0
六、全年总支出	万元	888 026.9
其中：工资总额	万元	739 151.8

4-4 全国牧区县、半牧区县畜牧生产情况

项目	单位	牧区县	半牧区县
一、基本情况			
牧业人口数	万人	405.1	1 267.4
人均纯收入	元/人	16 919.2	14 411.6
其中：牧业收入	元/人	10 541.4	6 126.1
牧户数	户	1 098 988	3 219 262
其中：定居牧户	户	1 065 755	3 148 469
二、畜禽饲养情况			
大牲畜年末存栏数	头	20 049 970	22 640 553
其中：牛年末存栏	头	18 078 172	20 293 598
其中：能繁母牛存栏	头	9 336 566	10 819 211
当年成活犊牛	头	5 116 409	5 517 326
牦牛年末存栏	头	12 019 976	3 882 857
绵羊年末存栏	只	42 111 177	62 896 165
其中：能繁母羊存栏	只	28 818 410	38 526 245
当年生存栏羔羊	只	10 436 410	19 303 190
细毛羊	只	4 258 999	13 730 836
半细毛羊	只	6 617 691	11 916 456
山羊年末存栏	只	8 692 536	12 315 049
其中：绒山羊	只	7 159 265	7 867 080
三、畜产品产量与出栏情况			
肉类总产量	吨	1 742 427	7 442 851
其中：牛肉产量	吨	814 010	1 515 306
猪肉产量	吨	129 796	3 295 288

4-4 续表

项　　目	单位	牧区县	半牧区县
羊肉产量	吨	714 573	1 377 695
奶产量	吨	2 908 825	6 381 046
毛产量	吨	72 771	107 519
其中：山羊绒产量	吨	4 234	3 316
山羊毛产量	吨	3 084	5 255
绵羊毛产量	吨	62 676	95 674
其中：细羊毛产量	吨	16 226	30 774
半细羊毛产量	吨	15 338	21 450
牛皮产量	万张	467.3	567.2
羊皮产量	万张	3 057.9	5 335.3
牛出栏	头	5 907 503	8 754 873
羊出栏	头	36 737 010	72 367 112
四、畜产品出售情况			
出售肉类总量	吨	1 521 461	6 237 383
其中：牛肉	吨	700 636	1 302 876
猪肉	吨	121 693	3 006 535
羊肉	吨	658 139	1 262 525
出售奶总量	吨	2 522 381	5 888 775
出售羊绒总量	吨	4 073	3 265
出售羊毛总量	吨	58 531	95 332

4-5　全国生猪饲养规模比重变化情况

单位：%

项　　目	2023年	2022年
年出栏1～49头	13.0	14.7
年出栏50头以上	87.0	85.3
年出栏100头以上	80.7	78.6
年出栏500头以上	**68.1**	**65.1**
年出栏1 000头以上	58.8	55.5
年出栏3 000头以上	45.3	42.1
年出栏5 000头以上	36.9	33.9
年出栏10 000头以上	28.1	25.7
年出栏50 000头以上	13.6	12.0

注：此表比重指不同规模年出栏数占全部出栏数比重。

4-6　全国蛋鸡饲养规模比重变化情况

单位：%

项　　目	2023年	2022年
年末存栏1～499只	9.7	10.6
年末存栏500只以上	90.3	89.4
年末存栏2 000只以上	**84.5**	**83.0**
年末存栏10 000只以上	64.7	61.3
年末存栏50 000只以上	34.5	30.9
年末存栏100 000只以上	24.3	21.1
年末存栏500 000只以上	8.4	6.8

注：此表比重指不同规模年末存栏数占全部存栏数比重。

4-7　全国肉鸡饲养规模比重变化情况

单位：%

项　目	2023 年	2022 年
年出栏 1～1 999 只	7.9	8.8
年出栏 2 000 只以上	92.1	91.2
年出栏 10 000 只以上	**87.9**	**86.4**
年出栏 30 000 只以上	80.6	78.4
年出栏 50 000 只以上	73.0	70.3
年出栏 100 000 只以上	63.9	60.3
年出栏 500 000 只以上	45.6	42.0
年出栏 100 万只以上	37.1	33.6

注：此表比重指不同规模年出栏数占全部出栏数比重。

4-8　全国奶牛饲养规模比重变化情况

单位：%

项　目	2023 年	2022 年
年末存栏 1～49 头	19.5	21.8
年末存栏 50 头以上	80.5	78.2
年末存栏 100 头以上	**76.0**	**73.9**
年末存栏 200 头以上	72.6	70.4
年末存栏 500 头以上	67.3	64.7
年末存栏 1 000 头以上	59.5	55.4
年末存栏 2 000 头以上	47.8	43.3
年末存栏 5 000 头以上	29.5	25.5

注：此表比重指不同规模年末存栏数占全部存栏数比重。

4-9 全国肉牛饲养规模比重变化情况

单位：%

项　　目	2023年	2022年
年出栏1～9头	39.4	42.1
年出栏10头以上	60.6	57.9
年出栏50头以上	**37.2**	**34.8**
年出栏100头以上	23.0	21.4
年出栏500头以上	9.8	9.0
年出栏1 000头以上	5.7	4.9

注：此表比重指不同规模年出栏数占全部出栏数比重。

4-10 全国羊饲养规模比重变化情况

单位：%

项　　目	2023年	2022年
年出栏1～29只	27.5	29.6
年出栏30只以上	72.5	70.4
年出栏100只以上	**48.7**	**46.7**
年出栏200只以上	33.0	31.7
年出栏500只以上	20.1	19.0
年出栏1 000只以上	13.5	12.6
年出栏3 000只以上	8.1	7.2

注：此表比重指不同规模年出栏数占全部出栏数比重。

4-11　全国畜禽养殖规模化情况

单位：%

年　份	畜禽养殖规模化率	生猪	蛋鸡	肉鸡	奶牛	肉牛	羊
2023	73.2	68.1	84.5	87.9	76.0	37.2	48.7
2022	70.9	65.1	83.0	86.4	73.9	34.8	46.7
2021	69.0	62.0	81.9	85.7	70.8	32.9	44.7
2020	66.7	57.1	79.7	83.9	67.2	29.6	43.1
2019	64.5	53.0	78.1	82.5	64.0	27.4	40.7
2018	60.5	49.1	76.2	80.7	61.4	26.0	38.0
2017	58.5	46.9	73.8	78.7	58.3	26.3	38.7
2016	56.7	44.9	71.6	76.6	52.3	28.0	37.9
2015	54.4	43.3	69.5	74.8	48.3	27.8	36.7
2014	52.7	41.8	68.8	73.3	45.2	27.6	34.3
2013	51.7	40.8	68.3	71.9	41.1	27.3	31.1
2012	49.5	38.4	65.5	70.7	37.3	26.3	28.6
2011	47.7	36.6	64.5	69.3	32.9	24.6	25.0
2010	45.6	34.5	62.9	67.9	30.6	23.2	22.9
2009	42.6	31.7	59.7	64.2	26.8	21.8	21.1
2008	38.7	27.3	56.9	59.4	19.5	19.5	19.3
2007	32.8	21.8	47.9	55.0	16.4	15.9	17.3
2006	26.0	15.0	40.5	46.6	13.1	14.0	17.3
2005	24.9	13.1	39.1	46.0	11.2	15.2	15.8
2004	22.2	12.1	33.2	42.0	11.2	13.2	12.1
2003	20.6	10.6	28.7	39.3	12.5	13.5	20.0

注：1. 农业农村部各畜种养殖规模分别按生猪年出栏 500 头以上、蛋鸡年末存栏 2 000 只以上、肉鸡年出栏 10 000 只以上、奶牛年末存栏 100 头以上、肉牛年出栏 50 头以上、羊年出栏 100 只以上标准测算。

2. 历年畜禽养殖规模化率＝规模以上蛋白当量/各畜种总蛋白当量。

4-12 各地区生猪饲养规模比重情况

单位：%

地区	年出栏1~49头	年出栏50头以上	年出栏100头以上	年出栏500头以上	年出栏1 000头以上	年出栏3 000头以上	年出栏5 000头以上	年出栏10 000头以上	年出栏50 000头以上
全国合计	**13.0**	**87.0**	**80.7**	**68.1**	**58.8**	**45.3**	**36.9**	**28.1**	**13.6**
北京	0.3	99.7	99.5	98.6	98.0	93.6	86.5	75.4	26.2
天津	0.8	99.2	96.7	84.8	64.6	42.9	29.5	18.7	9.3
河北	7.5	92.5	86.6	66.5	49.6	34.3	27.2	21.0	9.8
山西	3.3	96.7	91.1	71.2	60.6	45.4	36.4	26.0	13.5
内蒙古	21.2	78.8	74.8	66.2	60.2	53.0	48.2	43.2	32.3
辽宁	11.5	88.5	75.4	54.4	42.1	31.7	25.6	19.9	11.6
吉林	10.5	89.5	78.6	59.6	45.0	36.6	31.8	26.5	17.5
黑龙江	11.0	89.0	78.3	54.3	47.2	39.0	34.0	29.8	15.8
上海	0.0	100.0	100.0	99.9	99.3	89.7	88.2	84.6	35.9
江苏	4.0	96.0	91.8	81.2	75.3	64.7	58.3	48.5	24.8
浙江	4.3	95.7	94.5	89.0	84.0	72.0	63.9	51.9	13.1
安徽	5.2	94.8	91.2	81.7	71.9	55.5	46.9	38.1	23.3
福建	0.6	99.4	98.4	92.2	83.7	65.5	52.9	36.9	7.1
江西	3.1	96.9	94.7	87.1	79.1	61.1	48.2	33.2	11.3
山东	5.1	94.9	88.1	70.6	61.1	50.2	40.4	31.9	20.0
河南	3.9	96.1	93.2	81.5	71.4	59.4	52.6	44.9	30.3
湖北	15.7	84.3	78.3	66.1	60.3	48.6	41.2	30.9	16.3
湖南	10.4	89.6	83.7	72.9	60.9	46.6	37.4	27.8	9.1
广东	3.1	96.9	94.0	82.9	72.8	48.7	36.7	26.4	8.6
广西	13.1	86.9	80.5	71.5	64.9	46.6	36.4	23.4	6.8
海南	16.1	83.9	76.7	66.3	58.0	47.8	40.1	32.1	14.9
重庆	44.1	55.9	49.4	37.2	29.9	20.2	13.4	7.3	0.7
四川	19.4	80.6	74.0	64.8	53.7	36.1	23.3	14.4	3.8
贵州	44.4	55.6	49.4	37.3	34.7	23.9	16.9	11.2	4.5
云南	46.0	54.0	40.1	30.0	25.5	18.7	14.2	9.7	2.8
西藏	53.7	46.3	43.2	36.1	34.3	17.7	12.8	6.7	
陕西	8.7	91.3	84.5	71.2	57.5	44.4	35.5	25.2	10.9
甘肃	21.5	78.5	69.4	49.5	41.0	32.7	27.7	20.5	11.3
青海	56.5	43.5	32.6	21.1	16.7	12.0	11.4	7.9	
宁夏	17.4	82.6	72.2	45.5	36.5	30.2	24.7	11.2	
新疆	0.7	99.3	98.3	91.7	84.3	76.1	70.5	59.5	33.3

4-13 各地区蛋鸡饲养规模比重情况

单位：%

地区	年末存栏1～499只	年末存栏500只以上	年末存栏2 000只以上	年末存栏10 000只以上	年末存栏50 000只以上	年末存栏100 000只以上	年末存栏500 000只以上
全国合计	**9.7**	**90.3**	**84.5**	**64.7**	**34.5**	**24.3**	**8.4**
北京	4.6	95.4	94.4	92.3	80.2	71.7	46.9
天津	2.4	97.6	96.5	82.7	52.4	38.0	14.7
河北	9.2	90.8	81.8	47.1	20.0	13.4	4.2
山西	3.9	96.1	92.6	66.6	38.7	28.5	10.5
内蒙古	19.6	80.4	75.5	58.1	31.4	25.6	15.9
辽宁	8.7	91.3	87.6	62.1	26.1	17.5	4.9
吉林	7.5	92.5	87.6	61.7	27.7	17.4	9.0
黑龙江	19.3	80.7	63.1	31.5	18.1	11.6	5.0
上海	0.0	100.0	99.9	99.9	93.7	82.6	45.9
江苏	1.5	98.5	97.1	74.2	30.8	20.6	4.5
浙江	3.3	96.7	94.6	88.3	67.3	49.6	11.8
安徽	4.7	95.3	91.7	77.5	41.3	28.4	10.7
福建	6.1	93.9	90.3	85.7	77.0	67.2	25.7
江西	9.7	90.3	84.9	74.4	50.4	38.8	13.9
山东	2.0	98.0	96.5	75.1	36.7	22.9	5.6
河南	15.2	84.8	74.5	52.2	20.1	12.6	2.4
湖北	10.9	89.1	84.6	75.6	36.6	22.0	6.3
湖南	16.4	83.6	72.8	56.6	29.8	19.6	7.2
广东	8.2	91.8	90.2	84.8	65.8	53.6	29.8
广西	3.7	96.3	95.5	92.3	81.8	73.1	47.8
海南	3.6	96.4	95.8	94.3	87.1	69.4	28.4
重庆	20.5	79.5	71.5	62.5	38.3	26.4	3.6
四川	21.2	78.8	72.1	60.3	42.4	32.0	13.2
贵州	5.3	94.7	91.6	86.4	75.2	67.3	27.4
云南	12.8	87.2	83.7	71.3	40.9	29.0	5.4
西藏	9.9	90.1	87.9	80.9	57.2	57.2	57.2
陕西	7.7	92.3	86.1	61.9	30.3	22.2	7.2
甘肃	25.6	74.4	68.0	48.7	26.4	16.4	8.9
青海	1.9	98.1	97.6	94.5	62.2	47.4	
宁夏	4.2	95.8	93.7	82.4	67.1	56.4	40.2
新疆	14.1	85.9	82.8	75.4	51.1	39.3	10.3

4-14 各地区肉鸡饲养规模比重情况

单位：%

地 区	年出栏 1～1 999 只	年出栏 2 000 只以上	年出栏 10 000 只以上	年出栏 30 000 只以上	年出栏 50 000 只以上	年出栏 100 000 只以上	年出栏 500 000 只以上	年出栏 100 万只以上
全国合计	**7.9**	**92.1**	**87.9**	**80.6**	**73.0**	**63.9**	**45.6**	**37.1**
北 京	4.9	95.1	73.2	73.2	58.2	58.2		
天 津	0.0	100.0	99.5	97.7	93.4	80.5	33.6	6.8
河 北	1.6	98.4	92.7	87.5	80.1	68.2	41.6	32.1
山 西	0.2	99.8	99.3	97.6	94.6	86.6	65.7	53.0
内蒙古	12.7	87.3	78.7	76.0	71.8	69.0	64.7	59.9
辽 宁	0.8	99.2	98.4	95.2	90.8	82.7	54.7	38.9
吉 林	0.8	99.2	94.9	88.0	84.2	80.2	64.5	55.2
黑龙江	12.5	87.5	80.7	77.2	75.4	73.8	62.9	59.5
上 海	28.9	71.1	63.5	62.7	56.8	49.8		
江 苏	0.3	99.7	98.6	94.8	89.1	78.9	58.8	48.8
浙 江	3.6	96.4	91.2	78.9	68.3	51.8	41.4	38.4
安 徽	2.8	97.2	92.4	85.4	73.4	58.2	39.2	31.9
福 建	5.8	94.2	92.0	89.4	87.7	86.1	78.8	77.2
江 西	14.4	85.6	75.7	62.7	51.1	42.5	31.0	23.9
山 东	0.1	99.9	99.7	98.4	95.2	85.9	59.9	48.3
河 南	11.0	89.0	81.9	75.4	66.9	58.8	42.5	36.1
湖 北	16.6	83.4	74.9	68.3	60.8	50.7	37.8	34.0
湖 南	22.9	77.1	64.1	52.6	38.4	27.4	17.0	11.3
广 东	11.2	88.8	83.6	65.1	43.1	26.0	14.1	10.6
广 西	27.6	72.4	63.4	40.8	27.3	22.2	16.3	11.8
海 南	31.2	68.8	60.9	37.9	20.8	14.8	9.7	7.8
重 庆	36.4	63.6	47.6	33.7	24.3	18.7	13.0	10.2
四 川	34.4	65.6	52.1	34.4	22.1	13.8	6.0	4.6
贵 州	32.7	67.3	52.7	47.5	44.9	41.9	37.1	34.8
云 南	36.8	63.2	48.6	26.2	14.3	8.0	3.9	2.9
西 藏	6.7	93.3	85.0	77.2	77.2	77.2		
陕 西	7.3	92.7	87.1	77.4	71.8	58.7	39.8	19.1
甘 肃	19.2	80.8	73.2	69.4	68.2	66.9	65.3	65.3
青 海	21.2	78.8	72.8	58.1	48.0	28.5		
宁 夏	31.6	68.4	28.6	12.7	8.6	5.3		
新 疆	28.7	71.3	62.4	53.2	47.3	41.6	27.3	15.5

4-15 各地区奶牛饲养规模比重情况

单位：%

地区	年末存栏1～49头	年末存栏50头以上	年末存栏100头以上	年末存栏200头以上	年末存栏500头以上	年末存栏1 000头以上	年末存栏2 000头以上	年末存栏5 000头以上
全国合计	**19.5**	**80.5**	**76.0**	**72.6**	**67.3**	**59.5**	**47.8**	**29.5**
北京	1.5	98.5	98.3	98.0	92.4	79.3	34.6	11.9
天津		100.0	99.9	99.7	94.6	77.8	56.1	7.0
河北	1.7	98.3	97.4	95.2	88.8	68.9	46.9	32.6
山西	20.0	80.0	74.8	71.5	60.5	48.7	35.1	24.0
内蒙古	17.0	83.0	76.7	70.1	66.6	62.3	55.4	34.5
辽宁	7.8	92.2	90.9	89.3	85.4	80.3	65.1	12.4
吉林	14.2	85.8	83.0	81.1	75.3	70.5	66.9	54.8
黑龙江	13.2	86.8	83.4	81.5	75.8	70.6	59.8	38.6
上海	0.1	99.9	99.8	99.8	99.4	91.8	70.0	56.9
江苏	0.6	99.4	98.8	97.3	90.2	79.0	59.3	36.3
浙江	2.5	97.5	96.7	95.6	90.4	70.3	36.4	10.7
安徽	0.1	99.9	99.8	98.6	95.7	90.9	85.5	69.4
福建	9.2	90.8	90.8	90.8	89.9	82.5	27.8	11.0
江西	21.2	78.8	58.9	56.9	43.5	25.9	25.9	
山东	3.2	96.8	94.7	91.0	77.1	65.4	55.2	47.2
河南	23.8	76.2	69.5	67.3	57.1	47.8	36.9	28.4
湖北	0.5	99.5	98.4	95.8	80.4	76.0	76.0	
湖南	32.5	67.5	65.1	61.2	58.9	51.8	22.5	22.5
广东	3.6	96.4	95.6	94.3	90.6	82.6	55.5	
广西	10.9	89.1	85.4	81.7	72.2	66.2	45.0	
海南		100.0	100.0	92.3	92.3			
重庆	11.8	88.2	87.3	85.4	70.4	34.8	34.8	
四川	35.3	64.7	60.7	56.2	45.3	35.6	20.8	12.1
贵州	3.7	96.3	96.3	94.4	79.0	79.0	28.5	
云南	43.0	57.0	54.8	53.5	48.8	41.9	31.4	10.8
西藏	92.2	7.8	7.0	6.1	4.6	3.4		
陕西	12.4	87.6	81.0	67.8	55.6	41.6	30.8	20.6
甘肃	13.8	86.2	84.5	83.7	82.6	81.6	75.9	44.1
青海	85.5	14.5	6.4	4.5	4.1	3.5		
宁夏	1.0	99.0	98.8	98.5	97.7	93.8	80.7	48.2
新疆	61.3	38.7	25.7	21.6	18.6	16.0	10.4	2.0

4-16　各地区肉牛饲养规模比重情况

单位：%

地　区	年出栏1～9头	年出栏10头以上	年出栏50头以上	年出栏100头以上	年出栏500头以上	年出栏1 000头以上
全国合计	**39.4**	**60.6**	**37.2**	**23.0**	**9.8**	**5.7**
北　京	5.8	94.2	67.8	53.5	25.5	19.3
天　津	4.2	95.8	68.5	40.8	14.1	7.0
河　北	28.4	71.6	43.9	25.2	9.1	4.3
山　西	21.1	78.9	47.0	32.1	10.2	4.6
内蒙古	22.7	77.3	48.5	23.6	9.6	6.8
辽　宁	22.9	77.1	47.6	29.5	9.3	2.8
吉　林	25.3	74.7	48.4	29.1	13.6	9.8
黑龙江	26.0	74.0	42.7	17.2	4.6	2.4
上　海						
江　苏	13.8	86.2	57.8	36.4	12.5	2.5
浙　江	47.1	52.9	24.0	15.5	5.2	3.6
安　徽	19.5	80.5	61.1	45.1	19.1	8.4
福　建	64.9	35.1	12.3	8.5	3.7	1.8
江　西	37.2	62.8	37.8	22.1	8.7	4.5
山　东	12.8	87.2	67.9	53.5	31.5	20.3
河　南	44.3	55.7	38.2	32.4	18.5	11.3
湖　北	45.9	54.1	29.1	23.0	10.3	6.7
湖　南	46.9	53.1	26.9	12.3	2.5	0.9
广　东	54.6	45.4	22.8	13.3	6.7	5.2
广　西	65.0	35.0	16.3	10.3	4.9	3.4
海　南	58.7	41.3	17.2	8.1	1.7	0.5
重　庆	58.8	41.2	19.7	13.2	4.1	2.6
四　川	49.2	50.8	35.4	24.9	7.9	2.9
贵　州	68.3	31.7	12.1	8.0	3.5	2.0
云　南	76.1	23.9	11.0	6.5	2.3	1.3
西　藏	88.0	12.0	4.6	2.4	1.0	0.8
陕　西	36.2	63.8	42.9	26.0	6.2	2.0
甘　肃	50.0	50.0	31.0	16.3	6.9	3.5
青　海	34.9	65.1	36.9	17.0	2.7	1.2
宁　夏	29.6	70.4	34.3	24.9	14.3	9.6
新　疆	30.1	69.9	45.6	32.1	17.4	11.5

4－17 各地区羊饲养规模比重情况

单位：%

地 区	年出栏 1～29 只	年出栏 30 只以上	年出栏 100 只以上	年出栏 200 只以上	年出栏 500 只以上	年出栏 1 000 只以上	年出栏 3 000 只以上
全国合计	**27.5**	**72.5**	**48.7**	**33.0**	**20.1**	**13.5**	**8.1**
北 京	29.0	71.0	31.7	16.0	5.6		
天 津	6.2	93.8	53.3	36.9	21.7	15.6	10.2
河 北	19.8	80.2	47.6	39.0	30.8	24.1	15.9
山 西	9.1	90.9	71.1	51.2	35.6	28.2	19.7
内蒙古	9.5	90.5	70.8	44.1	22.7	13.4	7.6
辽 宁	13.5	86.5	58.3	34.1	17.1	8.3	3.8
吉 林	8.7	91.3	54.1	34.9	18.8	12.9	6.7
黑龙江	18.8	81.2	50.5	20.1	8.3	4.1	1.8
上 海	52.0	48.0	19.9	19.8	19.2	15.9	11.9
江 苏	34.0	66.0	49.3	40.9	30.8	21.7	9.8
浙 江	22.4	77.6	69.4	64.6	54.9	47.7	31.6
安 徽	27.2	72.8	48.9	40.9	33.8	25.9	16.6
福 建	36.7	63.3	22.5	14.0	7.6	5.2	1.6
江 西	18.5	81.5	64.5	42.2	27.6	19.6	12.2
山 东	21.1	78.9	57.8	47.3	37.1	29.3	17.1
河 南	54.2	45.8	28.6	25.5	21.9	18.9	13.7
湖 北	51.6	48.4	20.4	15.1	8.6	6.1	1.7
湖 南	42.9	57.1	29.1	16.7	5.0	1.2	0.5
广 东	25.4	74.6	44.1	23.4	10.3	6.5	2.3
广 西	37.9	62.1	36.3	21.6	13.2	10.8	8.3
海 南	51.2	48.8	16.3	8.3	5.5	4.3	2.9
重 庆	60.8	39.2	13.1	7.9	3.5	2.0	0.6
四 川	60.1	39.9	18.0	10.7	4.8	2.0	0.9
贵 州	54.0	46.0	13.9	7.1	3.1	2.2	1.7
云 南	68.7	31.3	8.5	3.1	1.1	0.5	0.1
西 藏	64.9	35.1	18.5	12.1	11.4	10.7	9.3
陕 西	22.8	77.2	41.8	18.6	8.0	3.8	1.9
甘 肃	29.5	70.5	47.9	34.6	22.4	14.3	8.9
青 海	13.1	86.9	60.7	36.8	13.1	5.6	1.3
宁 夏	17.0	83.0	58.4	36.1	19.0	11.5	7.3
新 疆	29.0	71.0	46.4	31.1	15.6	8.3	4.0

4-18　各地区生猪饲养规模场（户）数情况

单位：个

地　区	年出栏 1～49头 场（户）数	年出栏 50～99头 场（户）数	年出栏 100～499头 场（户）数	年出栏 500～999头 场（户）数
全国总计	**17 013 118**	**655 879**	**380 659**	**94 841**
北　京	74	10	11	2
天　津	559	705	1 509	617
河　北	186 016	27 137	25 609	7 052
山　西	31 567	14 152	15 411	3 064
内蒙古	545 281	7 584	4 175	1 098
辽　宁	361 117	56 527	26 912	5 695
吉　林	213 622	25 581	14 772	3 017
黑龙江	120 762	32 678	20 085	1 973
上　海	3	1	2	9
江　苏	55 791	13 288	10 174	2 079
浙　江	94 002	1 634	1 876	675
安　徽	230 463	15 701	11 119	3 980
福　建	4 200	2 310	3 595	1 856
江　西	131 040	10 261	8 124	3 436
山　东	108 705	46 384	38 573	6 587
河　南	228 221	28 994	31 785	10 283
湖　北	1 536 672	37 359	23 057	4 010
湖　南	1 106 183	54 321	27 243	10 429
广　东	53 881	16 344	20 404	5 539
广　西	566 144	31 504	13 860	3 524
海　南	55 091	5 341	2 111	610
重　庆	1 594 587	13 175	7 075	1 512
四　川	3 371 409	66 296	27 505	9 256
贵　州	1 852 149	11 598	6 207	497
云　南	3 643 950	103 536	18 703	2 867
西　藏	24 862	68	48	4
陕　西	257 839	15 395	9 332	2 724
甘　肃	514 930	13 877	7 837	1 328
青　海	87 047	1 034	408	43
宁　夏	33 602	1 791	1 094	147
新　疆	3 349	1 293	2 043	928

4-18 续表

单位：个

地　区	年出栏 1 000～2 999 头场（户）数	年出栏 3 000～4 999 头场（户）数	年出栏 5 000～9 999 头场（户）数	年出栏 10 000～49 999 头场（户）数	年出栏 50 000 头以上场（户）数
全国总计	**54 243**	**16 162**	**9 261**	**5 542**	**1 107**
北　京	9	5	5	9	1
天　津	305	76	37	13	2
河　北	2 416	579	283	159	34
山　西	1 704	464	295	123	20
内蒙古	680	162	92	64	28
辽　宁	1 784	516	260	121	49
吉　林	745	204	115	58	29
黑龙江	818	262	123	122	38
上　海	61	4	5	24	6
江　苏	1 352	374	322	266	61
浙　江	664	196	164	175	16
安　徽	2 547	688	392	210	83
福　建	1 633	511	372	266	14
江　西	3 193	1 077	684	403	48
山　东	2 846	1 242	598	295	93
河　南	4 717	1 246	772	517	221
湖　北	3 143	878	693	351	81
湖　南	4 881	1 515	877	648	73
广　东	5 146	1 243	569	324	35
广　西	3 889	965	660	329	27
海　南	279	104	52	45	11
重　庆	864	263	135	52	1
四　川	6 025	2 143	825	413	35
贵　州	811	259	120	51	8
云　南	1 750	569	311	198	22
西　藏	15	2	1	1	0
陕　西	1 038	337	215	121	23
甘　肃	492	140	118	52	14
青　海	18	1	4	3	0
宁　夏	40	18	20	7	0
新　疆	378	119	142	122	34

4-19 各地区蛋鸡饲养规模场（户）数情况

单位：个

地区	年末存栏 1～499只 场（户）数	年末存栏 500～1 999只 场（户）数	年末存栏 2 000～9 999只 场（户）数
全国总计	**7 997 505**	**121 998**	**90 155**
北京	14 762	85	41
天津	2 708	181	508
河北	270 664	21 800	17 982
山西	89 244	3 055	5 693
内蒙古	507 008	2 963	1 515
辽宁	492 598	4 228	6 699
吉林	187 887	2 717	2 230
黑龙江	205 142	10 040	5 153
上海	2	1	0
江苏	44 113	1 714	7 158
浙江	26 003	452	278
安徽	208 826	3 070	2 308
福建	49 399	808	285
江西	168 400	3 381	1 327
山东	194 419	3 717	10 446
河南	657 529	24 432	10 895
湖北	738 150	8 500	3 335
湖南	511 821	9 848	3 314
广东	319 172	551	364
广西	143 181	162	157
海南	19 976	40	34
重庆	240 789	2 461	489
四川	1 302 092	7 258	2 511
贵州	164 403	1 247	410
云南	398 054	1 749	1 630
西藏	13 555	31	22
陕西	221 529	3 559	2 964
甘肃	417 055	2 183	1 335
青海	1 607	4	8
宁夏	46 418	289	299
新疆	340 999	1 472	765

4-19　续表

单位：个

地　区	年末存栏 10 000～49 999 只 场（户）数	年末存栏 50 000～99 999 只 场（户）数	年末存栏 100 000～499 999 只 场（户）数	年末存栏 500 000 只以上 场（户）数
全国总计	**36 836**	**3 716**	**2 135**	**227**
北　京	41	9	11	2
天　津	341	31	24	2
河　北	3 833	302	176	15
山　西	1 661	166	101	8
内蒙古	497	46	21	8
辽　宁	2 439	164	96	5
吉　林	900	82	27	6
黑龙江	454	65	24	5
上　海	4	3	3	1
江　苏	3 472	232	141	7
浙　江	199	54	41	3
安　徽	1 446	180	94	13
福　建	107	46	68	11
江　西	800	117	76	11
山　东	5 566	553	240	16
河　南	4 502	330	166	9
湖　北	4 527	507	213	19
湖　南	1 242	151	74	7
广　东	231	59	45	12
广　西	118	38	40	12
海　南	26	28	25	3
重　庆	349	49	39	1
四　川	891	149	99	14
贵　州	231	50	82	15
云　南	924	94	72	2
西　藏	17	0	0	1
陕　西	1 006	66	49	5
甘　肃	436	55	15	4
青　海	20	3	4	0
宁　夏	107	16	6	5
新　疆	449	71	63	5

4-20 各地区肉鸡饲养规模场（户）数情况

单位：个

地区	年出栏 1～1 999只 场（户）数	年出栏 2 000～9 999只 场（户）数	年出栏 10 000～29 999只 场（户）数	年出栏 30 000～49 999只 场（户）数
全国总计	**17 735 283**	**116 693**	**52 648**	**26 986**
北京	92	8	0	1
天津	21	42	58	58
河北	53 393	8 053	2 127	1 365
山西	7 463	325	339	223
内蒙古	150 932	2 477	137	77
辽宁	66 318	2 287	2 514	1 757
吉林	30 566	3 849	1 910	374
黑龙江	156 511	2 865	328	84
上海	415	15	1	2
江苏	14 106	1 139	1 255	911
浙江	198 015	1 842	1 111	459
安徽	485 001	6 688	2 501	2 160
福建	341 832	3 397	1 202	351
江西	315 465	6 134	2 085	1 016
山东	64 108	1 440	2 395	2 787
河南	182 606	7 586	1 975	1 444
湖北	380 254	6 006	1 171	727
湖南	2 362 781	9 123	2 111	1 402
广东	1 465 587	11 308	9 194	6 106
广西	3 108 914	14 999	10 990	2 875
海南	346 057	1 954	1 466	562
重庆	412 342	1 989	418	138
四川	2 775 719	9 466	2 938	954
贵州	1 262 205	2 762	248	57
云南	2 400 765	5 570	2 832	766
西藏	5 305	10	4	0
陕西	142 142	981	445	116
甘肃	448 972	1 407	208	32
青海	10 604	10	6	2
宁夏	60 467	681	103	10
新疆	486 325	2 280	576	170

4-20　续表

单位：个

地　区	年出栏 50 000～99 999 只 场（户）数	年出栏 100 000～499 999 只 场（户）数	年出栏 500 000～999 999 只 场（户）数	年出栏 100 万只以上 场（户）数
全国总计	**18 026**	**12 466**	**1 702**	**2 194**
北　京	0	1	0	0
天　津	79	98	16	1
河　北	1 175	1 014	102	108
山　西	321	288	51	70
内蒙古	30	19	7	8
辽　宁	1 943	2 423	405	373
吉　林	219	227	51	103
黑龙江	40	81	10	37
上　海	1	4	0	0
江　苏	888	634	89	107
浙　江	393	105	7	15
安　徽	1 638	572	74	85
福　建	204	293	21	210
江　西	398	149	32	19
山　东	4 544	4 478	561	772
河　南	698	390	57	85
湖　北	545	238	21	36
湖　南	605	198	28	12
广　东	2 608	596	53	48
广　西	648	283	59	50
海　南	124	28	3	2
重　庆	48	13	2	2
四　川	344	129	7	3
贵　州	39	22	3	7
云　南	219	56	4	3
西　藏	0	3	0	0
陕　西	161	56	22	5
甘　肃	17	6	0	27
青　海	2	1	0	0
宁　夏	4	2	0	0
新　疆	91	59	17	6

4-21　各地区奶牛饲养规模场（户）数情况

单位：个

地　区	年末存栏 1～49 头 场（户）数	年末存栏 50～99 头 场（户）数	年末存栏 100～199 头 场（户）数	年末存栏 200～499 头 场（户）数
全国总计	**442 632**	**7 152**	**2 460**	**1 532**
北　京	62	2	1	8
天　津	0	1	2	12
河　北	1 228	172	221	221
山　西	8 438	283	85	116
内蒙古	19 831	2 054	1 018	211
辽　宁	1 604	38	26	26
吉　林	707	23	9	10
黑龙江	11 478	395	92	113
上　海	1	1	0	1
江　苏	42	12	16	33
浙　江	110	5	4	7
安　徽	14	2	11	12
福　建	965	0	0	1
江　西	140	32	1	4
山　东	1 507	221	181	292
河　南	12 878	348	59	105
湖　北	5	2	3	8
湖　南	810	7	6	2
广　东	441	10	5	5
广　西	195	16	7	8
海　南	0	0	1	0
重　庆	234	1	1	3
四　川	3 235	44	24	24
贵　州	45	0	1	4
云　南	22 947	59	16	23
西　藏	67 934	22	11	10
陕　西	5 837	337	223	104
甘　肃	9 440	91	26	13
青　海	20 967	135	15	2
宁　夏	708	32	22	22
新　疆	250 829	2 807	373	132

4-21　续表

单位：个

地　区	年末存栏 500～999 头场（户）数	年末存栏 1 000～1 999 头场（户）数	年末存栏 2 000～4 999 头场（户）数	年末存栏 5 000 头以上场（户）数
全国总计	**1 053**	**802**	**585**	**309**
北　京	10	15	5	1
天　津	20	15	16	1
河　北	337	193	65	34
山　西	65	42	14	11
内蒙古	117	92	117	81
辽　宁	14	21	45	3
吉　林	4	2	2	2
黑龙江	50	52	45	30
上　海	6	8	3	3
江　苏	23	21	12	7
浙　江	15	11	4	1
安　徽	9	5	8	6
福　建	4	19	2	1
江　西	2	0	1	0
山　东	120	57	18	33
河　南	45	29	11	12
湖　北	1	0	3	0
湖　南	2	4	0	1
广　东	6	13	10	0
广　西	2	4	3	0
海　南	2	0	0	0
重　庆	3	0	1	0
四　川	10	8	2	1
贵　州	0	3	1	0
云　南	17	14	15	3
西　藏	3	5	0	0
陕　西	61	21	9	4
甘　肃	6	16	30	16
青　海	1	2	0	0
宁　夏	48	85	107	54
新　疆	50	45	36	4

4-22 各地区肉牛饲养规模场（户）数情况

单位：个

地区	年出栏 1～9头 场（户）数	年出栏 10～49头 场（户）数	年出栏 50～99头 场（户）数
全国总计	**6 753 690**	**526 217**	**99 106**
北京	243	213	46
天津	1 632	1 583	751
河北	160 352	27 818	6 271
山西	41 941	13 806	2 453
内蒙古	351 653	66 047	16 185
辽宁	193 432	45 187	7 816
吉林	198 896	29 901	6 222
黑龙江	103 826	26 902	7 487
上海	0	0	0
江苏	5 579	2 148	540
浙江	13 179	882	87
安徽	61 643	6 341	2 025
福建	37 998	2 304	159
江西	213 493	15 740	3 429
山东	68 185	16 965	3 983
河南	446 385	20 310	2 771
湖北	241 083	17 234	1 650
湖南	305 179	19 971	3 525
广东	78 143	3 555	522
广西	358 594	12 918	1 311
海南	53 171	2 844	323
重庆	112 299	4 267	454
四川	433 564	14 128	3 018
贵州	463 721	11 836	833
云南	1 290 380	24 352	2 571
西藏	211 637	5 369	397
陕西	82 280	6 193	1 676
甘肃	506 004	28 885	7 477
青海	135 855	25 339	6 170
宁夏	131 368	25 600	1 630
新疆	451 975	47 579	7 324

4-22　续表

单位：个

地　区	年出栏 100～499 头 场（户）数	年出栏 500～999 头 场（户）数	年出栏 1 000 头以上 场（户）数
全国总计	**28 953**	**3 018**	**1 193**
北　京	32	2	2
天　津	179	17	6
河　北	1 560	194	60
山　西	1 364	87	32
内蒙古	2 575	192	118
辽　宁	2 530	286	42
吉　林	1 266	125	48
黑龙江	1 097	69	24
上　海	0	0	0
江　苏	192	24	3
浙　江	44	2	2
安　徽	1 052	138	51
福　建	58	9	3
江　西	898	104	35
山　东	2 076	322	128
河　南	1 692	346	157
湖　北	1 152	98	65
湖　南	853	40	6
广　东	109	9	8
广　西	359	33	22
海　南	76	4	1
重　庆	217	12	3
四　川	1 529	141	39
贵　州	290	30	15
云　南	776	61	16
西　藏	82	4	4
陕　西	613	40	10
甘　肃	1 597	151	58
青　海	1 645	55	16
宁　夏	654	83	41
新　疆	2 386	340	178

4-23 各地区羊饲养规模场（户）数情况

单位：个

地区	年出栏 1～29只 场（户）数	年出栏 30～99只 场（户）数	年出栏 100～199只 场（户）数	年出栏 200～499只 场（户）数
全国总计	**8 347 874**	**1 405 460**	**362 626**	**134 389**
北京	2 958	972	143	41
天津	1 442	2 456	502	225
河北	272 586	116 032	12 371	5 065
山西	73 351	50 965	21 044	7 405
内蒙古	400 706	213 461	108 368	40 756
辽宁	130 182	69 742	23 880	7 290
吉林	77 392	49 409	9 394	3 239
黑龙江	68 107	30 172	12 051	2 170
上海	13 136	514	1	2
江苏	236 643	17 403	3 206	1 697
浙江	59 910	2 196	495	438
安徽	201 699	35 275	4 851	1 866
福建	30 786	6 238	606	234
江西	35 117	5 797	3 053	857
山东	302 785	61 836	12 591	5 224
河南	851 523	60 604	4 605	2 336
湖北	323 592	33 143	2 613	1 459
湖南	318 644	36 046	6 894	2 972
广东	10 762	3 434	1 071	258
广西	84 380	10 890	2 491	647
海南	19 447	4 486	391	60
重庆	281 316	15 766	1 318	478
四川	1 440 547	72 867	8 483	2 868
贵州	278 420	13 764	1 057	283
云南	683 589	52 255	4 229	746
西藏	181 735	8 774	1 049	68
陕西	194 519	51 097	12 272	2 518
甘肃	664 644	124 389	31 304	11 425
青海	65 895	33 028	13 305	6 481
宁夏	105 409	37 989	14 111	4 675
新疆	936 652	184 460	44 877	20 606

4-23　续表

单位：个

地　区	年出栏 500～999 只 场（户）数	年出栏 1 000～2 999 只 场（户）数	年出栏 3 000 只以上 场（户）数
全国总计	**31 135**	**9 621**	**3 045**
北　京	9	0	0
天　津	38	11	5
河　北	1 928	910	233
山　西	1 538	669	365
内蒙古	8 027	1 670	388
辽　宁	1 703	346	82
吉　林	591	232	50
黑龙江	346	75	25
上　海	5	3	3
江　苏	700	373	77
浙　江	155	142	76
安　徽	1 006	428	150
福　建	38	25	5
江　西	238	94	49
山　东	1 799	1 128	539
河　南	853	511	197
湖　北	260	196	12
湖　南	438	31	8
广　东	39	16	3
广　西	83	34	14
海　南	12	8	4
重　庆	84	28	7
四　川	628	113	28
贵　州	31	8	3
云　南	106	29	2
西　藏	24	23	50
陕　西	493	95	18
甘　肃	3 759	1 052	317
青　海	956	179	18
宁　夏	906	220	103
新　疆	4 342	972	214

4-24　各地区种畜禽场站当年生产精液情况

单位：万份

地　区	种公牛站	种公羊站	种公猪站
全国总计	**4 485.0**	**5.1**	**5 124.8**
北　京	262.5		
天　津	12.5		12.4
河　北	207.9		255.0
山　西	172.0		216.5
内蒙古	464.9	5.0	47.9
辽　宁	209.3		376.0
吉　林	1 187.2		89.7
黑龙江	164.3		123.2
上　海	4.6		11.8
江　苏			284.5
浙　江			23.0
安　徽	42.0		51.6
福　建			
江　西	53.6		77.9
山　东	127.0		444.4
河　南	728.1		1 019.5
湖　北			145.8
湖　南	40.0		520.4
广　东			6.5
广　西	7.8		359.7
海　南	4.8		9.0
重　庆			67.7
四　川	10.0		582.4
贵　州	65.3		15.7
云　南	188.6		242.0
西　藏	2.5	0.0	
陕　西	34.2		84.6
甘　肃	82.0		56.3
青　海			
宁　夏	75.0		
新　疆	339.0		1.2

4-25 各地区种畜禽场站个数

单位：个

地　区	种畜禽场总数	种牛场					种马场	种猪场
			种奶牛场	种肉牛场	种水牛场	种牦牛场		
全国总计	**8 749**	**661**	**315**	**292**	**12**	**42**	**51**	**4 405**
北　京	63	13	12	1	0	0	0	20
天　津	23	5	3	2	0	0	1	11
河　北	277	16	12	4	0	0	0	118
山　西	314	23	15	8	0	0	1	189
内蒙古	509	123	58	65	0	0	29	101
辽　宁	576	42	32	10	0	0	1	222
吉　林	238	24	1	23	0	0	1	110
黑龙江	186	11	9	2	0	0	1	124
上　海	40	1	1	0	0	0	0	20
江　苏	319	9	7	0	2	0	0	161
浙　江	230	5	2	2	1	0	0	75
安　徽	434	15	6	7	2	0	0	215
福　建	345	17	17	0	0	0	1	192
江　西	258	6	0	4	2	0	0	163
山　东	739	38	29	9	0	0	1	205
河　南	423	22	16	5	1	0	0	257
湖　北	360	13	0	12	1	0	1	247
湖　南	349	13	1	12	0	0	0	260
广　东	527	13	9	4	0	0	0	323
广　西	262	12	2	9	1	0	1	165
海　南	161	13	4	9	0	0	0	93
重　庆	186	4	1	2	1	0	0	136
四　川	514	29	7	13	0	9	0	343
贵　州	146	7	2	5	0	0	0	114
云　南	310	36	10	24	1	1	1	190
西　藏	52	12	3	1	0	8	0	3
陕　西	375	17	7	10	0	0	2	231
甘　肃	248	56	15	34	0	7	1	68
青　海	49	18	0	2	0	16	2	4
宁　夏	49	22	19	3	0	0	0	9
新　疆	187	26	15	10	0	1	7	36

4-25 续表1

单位：个

地区	种羊场	种绵羊场	种细毛羊场	种山羊场	种绒山羊场	种禽场	种蛋鸡场
全国总计	**1 030**	**657**	**85**	**373**	**121**	**2 294**	**438**
北京	0	0	0	0	0	29	11
天津	2	2	0	0	0	4	1
河北	14	11	0	3	3	123	42
山西	50	36	7	14	6	43	14
内蒙古	219	179	16	40	35	26	5
辽宁	33	8	0	25	23	267	23
吉林	8	8	5	0	0	54	12
黑龙江	9	9	2	0	0	38	6
上海	3	1	0	2	0	5	3
江苏	12	9	0	3	0	131	20
浙江	40	40	0	0	0	76	7
安徽	32	9	1	23	0	156	37
福建	5	0	0	5	0	121	1
江西	16	8	1	8	0	67	26
山东	34	19	0	15	2	426	41
河南	31	23	2	8	0	103	32
湖北	18	7	0	11	2	74	43
湖南	12	1	0	11	0	56	14
广东	2	1	0	1	0	177	20
广西	13	1	0	12	0	69	4
海南	11	0	0	11	0	35	2
重庆	16	1	0	15	0	21	7
四川	52	5	1	47	0	65	17
贵州	7	2	2	5	0	17	7
云南	38	9	3	29	1	40	6
西藏	22	17	12	5	4	15	14
陕西	88	20	4	68	42	27	8
甘肃	116	109	14	7	1	5	4
青海	22	21	0	1	1	1	1
宁夏	6	5	2	1	0	10	5
新疆	99	96	13	3	1	13	5

4-25 续表2

单位：个

地区	种禽场（续）						
	种蛋鸡场（续）		种肉鸡场			种鸭场	种鹅场
	祖代及以上蛋鸡场	父母代蛋鸡场		祖代及以上肉鸡场	父母代肉鸡场		
全国总计	**81**	**357**	**1 409**	**192**	**1 217**	**315**	**132**
北京	7	4	15	9	6	3	0
天津	0	1	3	0	3	0	0
河北	5	37	67	11	56	14	0
山西	1	13	25	1	24	4	0
内蒙古	0	5	6	1	5	15	0
辽宁	3	20	226	4	222	13	5
吉林	0	12	39	4	35	3	0
黑龙江	1	5	29	4	25	1	2
上海	0	3	2	2	0	0	0
江苏	5	15	74	12	62	29	8
浙江	2	5	28	7	21	17	24
安徽	4	33	72	13	59	26	21
福建	0	1	105	16	89	12	3
江西	6	20	30	13	17	8	3
山东	6	35	256	16	240	117	12
河南	7	25	59	2	57	10	2
湖北	6	37	23	7	16	8	0
湖南	0	14	34	4	30	3	5
广东	0	20	114	20	94	11	32
广西	0	4	58	10	48	4	3
海南	1	1	30	6	24	1	2
重庆	1	6	11	2	9	1	2
四川	6	11	37	15	22	6	5
贵州	2	5	9	1	8	1	0
云南	1	5	30	9	21	3	1
西藏	10	4	1	0	1	0	0
陕西	3	5	14	2	12	5	0
甘肃	1	3	1	0	1	0	0
青海	1	0	0	0	0	0	0
宁夏	1	4	5	1	4	0	0
新疆	1	4	6	0	6	0	2

4-25 续表 3

单位：个

地区	种兔场	种蜂场	其他	种畜站总数	种公牛站	种公羊站	种公猪站
全国总计	**60**	**104**	**144**	**765**	**47**	**11**	**707**
北京	0	0	1	1	1	0	0
天津	0	0	0	4	1	0	3
河北	0	2	4	26	3	0	23
山西	0	2	6	13	1	0	12
内蒙古	1	0	10	12	5	2	5
辽宁	1	1	9	14	2	0	12
吉林	1	1	39	13	5	0	8
黑龙江	1	1	1	26	2	0	24
上海	1	0	10	2	1	0	1
江苏	1	2	3	23	0	0	23
浙江	5	24	5	7	0	0	7
安徽	2	4	10	8	1	0	7
福建	4	2	3	0	0	0	0
江西	1	4	1	7	1	0	6
山东	11	14	10	53	2	0	51
河南	1	8	1	77	4	0	73
湖北	0	6	1	58	2	0	56
湖南	2	3	3	64	1	0	63
广东	1	1	10	5	0	0	5
广西	0	0	2	12	2	0	10
海南	1	2	6	3	1	0	2
重庆	3	6	0	6	0	0	6
四川	13	10	2	87	1	5	81
贵州	1	0	0	4	1	0	3
云南	0	5	0	200	4	0	196
西藏	0	0	0	3	1	2	0
陕西	5	3	2	18	1	0	17
甘肃	1	0	1	14	1	1	12
青海	0	2	0	0	0	0	0
宁夏	1	0	1	1	1	0	0
新疆	2	1	3	4	2	1	1

4-26 各地区种畜禽场站年末存栏情况

单位：个、头、只、套、箱、匹

地区	种牛场					种马场
		种奶牛场	种肉牛场	种水牛场	种牦牛场	
全国总计	**2 084 317**	**1 631 647**	**323 408**	**3 197**	**126 065**	**14 591**
北京	21 407	21 131	276	0	0	0
天津	14 321	13 871	450	0	0	150
河北	228 448	221 981	6 467	0	0	0
山西	66 404	59 907	6 497	0	0	572
内蒙古	494 608	399 577	95 031	0	0	6 428
辽宁	69 503	67 165	2 338	0	0	19
吉林	60 639	601	60 038	0	0	114
黑龙江	44 115	36 332	7 783	0	0	85
上海	5 338	5 338	0	0	0	0
江苏	31 978	31 703	0	275	0	0
浙江	5 395	4 901	408	86	0	0
安徽	82 897	78 994	3 600	303	0	0
福建	25 174	25 174	0	0	0	68
江西	1 780	0	1 558	222	0	0
山东	193 452	186 041	7 411	0	0	26
河南	58 844	53 438	5 137	269	0	0
湖北	9 490	0	9 308	182	0	316
湖南	9 306	1 974	7 332	0	0	0
广东	27 860	25 568	2 292	0	0	0
广西	17 795	2 209	14 673	913	0	230
海南	5 357	1 416	3 941	0	0	0
重庆	2 836	2 115	668	53	0	0
四川	74 353	16 182	3 855	0	54 316	0
贵州	20 310	3 956	16 354	0	0	0
云南	45 976	29 326	15 480	894	276	175
西藏	5 398	154	64	0	5 180	0
陕西	41 552	30 825	10 727	0	0	268
甘肃	152 561	105 793	27 588	0	19 180	1 990
青海	47 151	0	410	0	46 741	374
宁夏	148 380	146 568	1 812	0	0	0
新疆	71 689	59 407	11 910	0	372	3 776

4－26 续表 1

单位：个、头、只、套、箱、匹

地区	种猪场	种羊场	种绵羊场	种细毛羊场	种山羊场	种绒山羊场
全国总计	**38 901 635**	**3 971 878**	**3 432 525**	**364 877**	**539 353**	**105 537**
北京	108 417	0	0	0	0	0
天津	56 701	28 866	28 866	0	0	0
河北	838 066	73 453	71 794	0	1 659	1 659
山西	1 668 811	160 848	145 002	11 118	15 846	4 975
内蒙古	1 682 768	506 213	439 554	36 539	66 659	55 023
辽宁	554 109	22 625	12 925	0	9 700	8 763
吉林	1 212 486	17 751	17 751	10 094	0	0
黑龙江	1 528 500	19 472	19 472	1 695	0	0
上海	29 161	4 477	3 006	0	1 471	0
江苏	2 196 349	123 495	121 569	0	1 926	0
浙江	502 229	248 550	248 550	0	0	0
安徽	2 323 908	229 477	185 972	392	43 505	0
福建	870 831	1 942	0	0	1 942	0
江西	1 642 403	62 533	48 020	1 800	14 513	0
山东	1 984 294	114 707	100 405	0	14 302	1 417
河南	3 971 198	102 506	75 929	12 321	26 577	0
湖北	2 831 967	97 063	28 510	0	68 553	369
湖南	1 872 762	14 049	637	0	13 412	0
广东	3 584 491	7 467	4 812	0	2 655	0
广西	2 979 995	59 215	28 068	0	31 147	0
海南	759 369	13 237	0	0	13 237	0
重庆	502 067	13 932	3 420	0	10 512	0
四川	1 057 817	281 638	228 527	1 200	53 111	0
贵州	1 103 217	40 159	27 927	27 927	12 232	0
云南	762 062	38 870	6 599	4 134	32 271	1 266
西藏	11 265	34 865	29 884	21 245	4 981	4 167
陕西	1 365 552	209 418	154 717	4 777	54 701	16 503
甘肃	495 132	404 561	374 429	55 958	30 132	1 500
青海	36 402	98 363	98 168	0	195	195
宁夏	81 348	25 294	23 088	11 872	2 206	0
新疆	287 958	916 832	904 924	163 805	11 908	9 700

4－26　续表 2

单位：个、头、只、套、箱、匹

地　区	种蛋鸡场	祖代及以上蛋鸡场	父母代蛋鸡场	种肉鸡场	祖代及以上肉鸡场	父母代肉鸡场
全国总计	**33 531 976**	**2 110 015**	**31 421 961**	**116 044 144**	**7 975 424**	**108 068 720**
北　京	973 685	480 020	493 665	813 457	396 417	417 040
天　津	150 866	0	150 866	164 025	0	164 025
河　北	5 728 658	231 470	5 497 188	4 873 316	211 307	4 662 009
山　西	634 466	35 000	599 466	1 892 485	95 021	1 797 464
内蒙古	883 599	0	883 599	735 878	43 300	692 578
辽　宁	935 178	33 826	901 352	14 902 940	89 428	14 813 512
吉　林	767 840	0	767 840	2 501 118	92 291	2 408 827
黑龙江	319 500	3 500	316 000	1 918 680	313 024	1 605 656
上　海	80 500	0	80 500	7 743	7 743	0
江　苏	1 516 137	137 950	1 378 187	7 201 367	546 321	6 655 046
浙　江	151 558	13 120	138 438	1 775 061	181 161	1 593 900
安　徽	2 110 460	65 230	2 045 230	5 029 716	414 959	4 614 757
福　建	30 000	0	30 000	6 433 693	179 172	6 254 521
江　西	1 716 448	315 974	1 400 474	1 709 227	227 210	1 482 017
山　东	3 250 657	129 887	3 120 770	24 715 052	404 104	24 310 948
河　南	2 818 258	203 265	2 614 993	6 083 264	95 463	5 987 801
湖　北	2 555 438	150 030	2 405 408	1 952 476	245 493	1 706 983
湖　南	1 088 233	0	1 088 233	2 798 440	453 165	2 345 275
广　东	1 231 651	0	1 231 651	9 955 393	903 943	9 051 450
广　西	683 856	0	683 856	11 387 089	2 004 099	9 382 990
海　南	100 000	50 000	50 000	1 345 047	248 562	1 096 485
重　庆	614 600	20 000	594 600	441 400	8 650	432 750
四　川	1 227 849	36 349	1 191 500	1 895 909	336 850	1 559 059
贵　州	632 350	26 350	606 000	697 860	0	697 860
云　南	561 330	26 000	535 330	1 446 435	458 941	987 494
西　藏	145 418	44 044	101 374	15 654	0	15 654
陕　西	281 246	56 500	224 746	990 919	18 800	972 119
甘　肃	157 000	10 000	147 000	720 000	0	720 000
青　海	1 600	1 600	0	0	0	0
宁　夏	1 923 595	6 900	1 916 695	1 239 200	0	1 239 200
新　疆	260 000	33 000	227 000	401 300	0	401 300

4-26　续表 3

单位：个、头、只、套、箱、匹

地区	种鸭场	种鹅场	种兔场	种蜂场	种公牛站	种公羊站	种公猪站
全国总计	**16 953 795**	**1 390 601**	**1 363 982**	**65 392**	**6 880**	**5 807**	**157 280**
北　京	52 138	0	0	0	201	0	0
天　津	0	0	0	0	52	0	135
河　北	663 867	0	0	434	250	0	1 533
山　西	133 077	0	0	400	106	0	2 388
内蒙古	1 472 000	0	50 000	0	1 066	3 435	3 112
辽　宁	456 346	28 394	380	340	178	0	4 450
吉　林	175 083	0	14 000	1 590	688	0	845
黑龙江	15 000	1 639	40 000	1 700	412	0	26 289
上　海	0	0	2 280	0	41	0	277
江　苏	832 197	166 100	112 800	488	0	0	1 968
浙　江	335 416	320 720	15 110	7 679	0	0	461
安　徽	2 382 146	218 455	4 800	1 475	82	0	911
福　建	1 369 806	7 002	42 489	2 180	0	0	0
江　西	361 807	2 325	6 400	4 935	57	0	1 370
山　东	6 116 750	128 100	279 108	8 548	192	0	5 458
河　南	484 067	23 956	170 000	13 435	540	0	10 507
湖　北	1 138 100	0	0	4 204	54	0	4 049
湖　南	3 558	23 128	64 320	2 000	45	0	5 643
广　东	233 053	324 674	1 500	300	0	0	1 041
广　西	65 070	6 056	0	0	65	0	2 639
海　南	5 000	60 520	10 500	5 000	1 812	0	233
重　庆	0	11 000	37 705	3 372	0	0	1 137
四　川	62 651	34 732	101 765	3 462	41	459	10 556
贵　州	1 566	0	3 598	0	123	0	252
云　南	34 074	8 600	0	1 620	337	0	3 276
西　藏	0	0	0	0	56	825	0
陕　西	561 023	0	286 871	910	130	0	4 736
甘　肃	0	0	20 000	0	83	22	57 914
青　海	0	0	0	320	0	0	0
宁　夏	0	0	15 680	0	63	0	0
新　疆	0	25 200	84 676	1 000	206	1 066	6 100

4-27　各地区种畜禽场能繁母畜存栏情况

单位：头、匹、只

地　区	种牛场					种马场
		种奶牛场	种肉牛场	种水牛场	种牦牛场	
全国总计	**1 149 162**	**921 065**	**165 958**	**1 810**	**60 329**	**8 521**
北　京	11 463	11 216	247	0	0	0
天　津	6 942	6 492	450	0	0	40
河　北	71 341	67 498	3 843	0	0	0
山　西	36 042	34 235	1 807	0	0	284
内蒙古	315 454	261 128	54 326	0	0	3 804
辽　宁	51 688	50 305	1 383	0	0	12
吉　林	22 205	526	21 679	0	0	67
黑龙江	27 413	21 856	5 557	0	0	67
上　海	4 174	4 174	0	0	0	0
江　苏	16 351	16 151	0	200	0	0
浙　江	3 131	2 855	215	61	0	0
安　徽	45 316	43 380	1 731	205	0	0
福　建	17 266	17 266	0	0	0	45
江　西	974	0	853	121	0	0
山　东	109 984	105 081	4 903	0	0	0
河　南	30 399	28 077	2 188	134	0	0
湖　北	4 555	0	4 457	98	0	220
湖　南	4 363	1 255	3 108	0	0	0
广　东	13 770	13 040	730	0	0	0
广　西	9 217	1 239	7 436	542	0	165
海　南	2 591	1 005	1 586	0	0	0
重　庆	2 515	2 115	383	17	0	0
四　川	38 382	10 628	2 687	0	25 067	0
贵　州	11 481	2 294	9 187	0	0	0
云　南	26 287	17 094	8 615	432	146	98
西　藏	2 081	58	29	0	1 994	0
陕　西	24 826	19 822	5 004	0	0	160
甘　肃	93 116	68 132	15 103	0	9 881	1 198
青　海	23 142	0	110	0	23 032	276
宁　夏	79 625	78 719	906	0	0	0
新　疆	43 068	35 424	7 435	0	209	2 085

4-27 续表

单位：头、匹、只

地区	种猪场	种羊场	种绵羊场	种细毛羊场	种山羊场	种绒山羊场
全国总计	**9 778 218**	**2 142 699**	**1 847 004**	**208 260**	**295 695**	**63 520**
北京	20 947	0	0	0	0	0
天津	13 077	14 200	14 200	0	0	0
河北	240 219	50 208	49 404	0	804	804
山西	371 133	81 880	71 115	5 647	10 765	3 078
内蒙古	306 232	263 688	222 566	12 675	41 122	33 438
辽宁	390 825	16 392	9 548	0	6 844	6 172
吉林	292 999	9 567	9 567	5 826	0	0
黑龙江	258 393	13 349	13 349	1 196	0	0
上海	21 819	3 659	2 980	0	679	0
江苏	506 693	67 956	67 468	0	488	0
浙江	98 858	98 353	98 353	0	0	0
安徽	604 280	91 940	75 379	266	16 561	0
福建	238 025	1 249	0	0	1 249	0
江西	290 162	35 737	26 598	1 200	9 139	0
山东	532 221	62 195	54 489	0	7 706	731
河南	720 039	49 873	34 155	6 110	15 718	0
湖北	545 158	45 101	17 066	0	28 035	215
湖南	507 956	8 338	429	0	7 909	0
广东	657 290	2 872	1 756	0	1 116	0
广西	756 392	25 852	14 026	0	11 826	0
海南	113 460	6 110	0	0	6 110	0
重庆	154 110	7 484	1 819	0	5 665	0
四川	857 112	133 213	96 932	921	36 281	0
贵州	326 689	19 741	12 650	12 650	7 091	0
云南	312 506	20 281	4 160	2 601	16 121	645
西藏	1 270	14 678	12 196	8 561	2 482	2 060
陕西	386 100	104 894	71 868	2 380	33 026	9 407
甘肃	114 397	240 713	221 338	34 283	19 375	700
青海	6 623	62 665	62 515	0	150	150
宁夏	16 279	13 956	12 103	8 207	1 853	0
新疆	116 954	576 555	568 975	105 737	7 580	6 120

4-28　各地区种畜禽场当年出场种畜禽情况

单位：头、只、套、匹

地　区	种牛场	种奶牛场	种肉牛场	种水牛场	种牦牛场	种马场	种猪场
全国总计	**136 699**	**75 862**	**40 360**	**389**	**20 088**	**1 853**	**17 258 434**
北　京	116	116	0	0	0	0	49 623
天　津	0	0	0	0	0	0	15 748
河　北	4 365	3 233	1 132	0	0	0	413 020
山　西	5 648	3 762	1 886	0	0	0	1 052 991
内蒙古	43 880	27 555	16 325	0	0	1 111	429 896
辽　宁	1 801	1 716	85	0	0	4	619 926
吉　林	2 622	0	2 622	0	0	0	175 558
黑龙江	2 174	2 174	0	0	0	0	643 436
上　海	3	3	0	0	0	0	24 160
江　苏	1 217	1 217	0	0	0	0	1 008 187
浙　江	694	636	58	0	0	0	91 793
安　徽	2 338	1 950	286	102	0	0	1 269 296
福　建	1 902	1 902	0	0	0	0	227 816
江　西	359	0	301	58	0	0	901 009
山　东	11 795	10 853	942	0	0	0	785 379
河　南	6 427	5 744	635	48	0	0	1 629 929
湖　北	1 392	0	1 344	48	0	0	1 056 021
湖　南	677	0	677	0	0	0	924 127
广　东	658	630	28	0	0	0	1 266 978
广　西	2 169	253	1 890	26	0	0	750 456
海　南	593	50	543	0	0	0	166 495
重　庆	2	0	1	1	0	0	338 070
四　川	11 230	608	451	0	10 171	0	1 170 621
贵　州	200	0	200	0	0	0	385 265
云　南	5 446	2 799	2 539	106	2	0	518 779
西　藏	228	29	14	0	185	0	9 980
陕　西	450	176	274	0	0	6	816 226
甘　肃	11 950	2 642	6 407	0	2 901	135	214 893
青　海	6 894	0	80	0	6 814	10	1 972
宁　夏	2 676	2 541	135	0	0	0	91 263
新　疆	6 793	5 273	1 505	0	15	587	209 521

4-28 续表

单位：头、只、套、匹

地区	种羊场	种绵羊场	种细毛羊场	种山羊场	种绒山羊场	祖代及以上蛋鸡场	祖代及以上肉鸡场
全国总计	**1 780 504**	**1 544 347**	**108 535**	**236 157**	**38 442**	**35 280 336**	**139 425 324**
北京	0	0	0	0	0	6 275 460	5 925 538
天津	33 268	33 268	0	0	0	0	0
河北	30 806	30 370	0	436	436	3 331 200	7 702 150
山西	61 614	54 565	8 945	7 049	1 717	32 000	38 349
内蒙古	293 160	273 532	8 144	19 628	18 761	0	1 311 000
辽宁	13 892	8 495	0	5 397	5 065	542 260	10 923 222
吉林	6 253	6 253	3 828	0	0	0	2 126 700
黑龙江	6 348	6 348	615	0	0	30 000	10 497 550
上海	646	320	0	326	0	0	8 500
江苏	117 727	117 469	0	258	0	9 402 800	30 188 757
浙江	90 641	90 641	0	0	0	0	2 706 211
安徽	103 689	82 477	42	21 212	0	1 170 040	687 988
福建	10	0	0	10	0	0	3 929 140
江西	49 385	42 571	700	6 814	0	6 365 437	640 660
山东	53 922	47 942	0	5 980	80	314 286	11 239 675
河南	61 244	35 483	3 672	25 761	0	2 885 508	862 558
湖北	52 455	10 517	0	41 938	0	341 360	6 459 800
湖南	8 844	221	0	8 623	0	0	150 000
广东	2 298	300	0	1 998	0	0	25 722 686
广西	18 759	10 782	0	7 977	0	0	3 937 745
海南	4 869	0	0	4 869	0	0	15 995
重庆	7 463	841	0	6 622	0	0	32 580
四川	83 257	54 726	512	28 531	0	946 985	4 089 884
贵州	5 129	700	700	4 429	0	0	8 000
云南	15 165	1 168	903	13 997	0	552 000	9 738 636
西藏	3 832	2 834	2 068	998	808	24 500	0
陕西	33 976	16 963	2 483	17 013	9 275	3 030 000	482 000
甘肃	211 723	208 073	39 889	3 650	0	0	0
青海	37 508	37 508	0	0	0	0	0
宁夏	10 403	10 188	6 254	215	0	3 500	0
新疆	362 218	359 792	29 780	2 426	2 300	33 000	0

4－29　各地区种畜场当年生产胚胎情况

单位：枚

地　区	种牛场	种奶牛场	种肉牛场	种水牛场	种牦牛场
全国总计	**76 877**	**38 021**	**37 686**	**0**	**1 170**
北　京	82	82	0	0	0
天　津	550	0	550	0	0
河　北	15 501	12 953	2 548	0	0
山　西	80	80	0	0	0
内蒙古	11 210	2 230	8 980	0	0
辽　宁	80	80	0	0	0
吉　林	18 836	0	18 836	0	0
黑龙江	1 370	1 370	0	0	0
上　海	0	0	0	0	0
江　苏	661	661	0	0	0
浙　江	0	0	0	0	0
安　徽	0	0	0	0	0
福　建	3 677	3 677	0	0	0
江　西	0	0	0	0	0
山　东	7 958	6 369	1 589	0	0
河　南	698	0	698	0	0
湖　北	250	0	250	0	0
湖　南	614	0	614	0	0
广　东	2 156	2 156	0	0	0
广　西	989	0	989	0	0
海　南	888	263	625	0	0
重　庆	0	0	0	0	0
四　川	15	0	15	0	0
贵　州	97	0	97	0	0
云　南	538	0	538	0	0
西　藏	460	28	25	0	407
陕　西	88	60	28	0	0
甘　肃	3 709	3 600	109	0	0
青　海	763	0	0	0	763
宁　夏	2 824	2 824	0	0	0
新　疆	2 783	1 588	1 195	0	0

4-29 续表

单位：枚

地区	种羊场	种绵羊场	种细毛羊场	种山羊场	种绒山羊场
全国总计	**349 719**	**274 473**	**43 844**	**75 246**	**1 032**
北京	0	0	0	0	0
天津	0	0	0	0	0
河北	0	0	0	0	0
山西	6 410	4 050	0	2 360	0
内蒙古	29 119	29 119	3 646	0	0
辽宁	1 463	1 313	0	150	150
吉林	0	0	0	0	0
黑龙江	1 200	1 200	0	0	0
上海	0	0	0	0	0
江苏	0	0	0	0	0
浙江	0	0	0	0	0
安徽	3 449	3 160	72	289	0
福建	0	0	0	0	0
江西	5 977	960	960	5 017	0
山东	1 364	1 301	0	63	63
河南	26 040	40	0	26 000	0
湖北	361	0	0	361	0
湖南	4 158	0	0	4 158	0
广东	2 150	2 150	0	0	0
广西	10 979	0	0	10 979	0
海南	3 935	0	0	3 935	0
重庆	0	0	0	0	0
四川	20 446	294	0	20 152	0
贵州	0	0	0	0	0
云南	220	0	0	220	0
西藏	5 269	4 076	3 470	1 193	771
陕西	5 383	5 335	345	48	48
甘肃	54 242	53 921	0	321	0
青海	7 171	7 171	0	0	0
宁夏	0	0	0	0	0
新疆	160 383	160 383	35 351	0	0

4-30 各地区畜牧站基本情况

单位：个、人

地区	省级机构数	在编干部职工人数	按职称分		
			高级技术职称	中级技术职称	初级技术职称
全国总计	**31**	**1 300**	**577**	**381**	**180**
北京	1	84	49	21	6
天津	1	21	10	10	1
河北	1	55	41	9	5
山西	1	31	15	10	1
内蒙古	1	23	11	7	5
辽宁	1	75	52	9	5
吉林	1	14	8	1	2
黑龙江	1	78	33	34	11
上海	1	91	32	31	24
江苏	1	19	13	3	3
浙江	1	20	8	9	2
安徽	1	11	3	2	6
福建	1	15	8	1	3
江西	1	44	19	18	7
山东	1	48	28	14	3
河南	1	38	19	12	5
湖北	1	6	4	1	1
湖南	0	0	0	0	0
广东	1	15	7	5	1
广西	1	26	13	8	2
海南	1	18	7	1	4
重庆	1	48	18	12	2
四川	1	40	12	15	4
贵州	1	35	15	11	0
云南	1	24	16	4	1
西藏	1	65	16	19	20
陕西	1	47	10	20	8
甘肃	1	91	44	22	8
青海	1	45	11	9	8
宁夏	1	55	14	15	13
新疆	2	118	41	48	19

4－30 续表 1

单位：个、人

地　区	按学历分				离退休人员
	研究生	大学本科	大学专科	中专	
全国总计	**451**	**665**	**118**	**32**	**1 075**
北　京	35	43	5	1	49
天　津	12	9	0	0	2
河　北	1	47	4	3	15
山　西	6	21	3	1	26
内蒙古	13	4	2	4	0
辽　宁	23	39	11	2	80
吉　林	7	6	1	0	12
黑龙江	6	61	10	1	114
上　海	53	37	0	1	39
江　苏	8	7	2	2	19
浙　江	9	7	4	0	4
安　徽	7	3	1	0	10
福　建	9	5	1	0	19
江　西	22	18	4	0	80
山　东	16	26	6	0	40
河　南	18	15	5	0	18
湖　北	2	4	0	0	2
湖　南	0	0	0	0	0
广　东	13	2	0	0	0
广　西	6	17	2	1	20
海　南	2	9	5	1	2
重　庆	20	18	10	0	24
四　川	25	11	0	0	47
贵　州	14	16	1	1	46
云　南	5	14	3	2	19
西　藏	14	27	10	6	42
陕　西	15	27	5	0	72
甘　肃	22	51	8	0	113
青　海	7	35	2	1	49
宁　夏	27	18	1	1	26
新　疆	34	68	12	4	86

4-30 续表 2

单位：个、人

地区	地（市）级机构数	在编干部职工人数	按职称分		
			高级技术职称	中级技术职称	初级技术职称
全国总计	**269**	**4 654**	**1 470**	**1 364**	**725**
北京	0	0	0	0	0
天津	0	0	0	0	0
河北	11	170	69	51	15
山西	4	117	16	35	4
内蒙古	9	239	84	74	39
辽宁	12	116	43	32	14
吉林	9	127	51	27	26
黑龙江	9	188	95	47	30
上海	0	0	0	0	0
江苏	13	193	93	56	30
浙江	11	210	7	6	12
安徽	16	167	48	57	39
福建	8	34	12	16	4
江西	10	101	17	22	23
山东	9	197	85	56	20
河南	13	214	76	80	26
湖北	6	36	8	11	8
湖南	10	120	11	38	22
广东	6	64	15	21	15
广西	14	123	50	46	16
海南	0	0	0	0	0
重庆	0	0	0	0	0
四川	19	278	82	74	45
贵州	9	114	47	36	11
云南	16	303	144	97	38
西藏	7	202	30	73	74
陕西	10	532	92	142	105
甘肃	14	288	106	67	32
青海	7	133	43	58	10
宁夏	5	79	37	22	19
新疆	12	309	109	120	48

4-30　续表3

单位：个、人

地区	按学历分				离退休人员
	研究生	大学本科	大学专科	中专	
全国总计	**931**	**2 576**	**764**	**201**	**2 912**
北　京	0	0	0	0	0
天　津	0	0	0	0	0
河　北	26	101	24	5	104
山　西	5	83	19	10	74
内蒙古	59	130	31	9	215
辽　宁	24	81	9	1	54
吉　林	18	74	24	11	61
黑龙江	41	132	13	0	118
上　海	0	0	0	0	0
江　苏	77	90	19	6	106
浙　江	60	140	10	0	131
安　徽	30	101	27	8	84
福　建	6	23	2	2	17
江　西	31	61	8	1	50
山　东	54	109	25	6	114
河　南	30	114	41	9	100
湖　北	3	27	6	0	6
湖　南	22	45	28	10	49
广　东	10	39	9	5	37
广　西	15	87	16	3	100
海　南	0	0	0	0	0
重　庆	0	0	0	0	0
四　川	60	120	67	27	278
贵　州	36	53	17	8	92
云　南	57	175	49	12	210
西　藏	8	128	50	6	28
陕　西	106	228	142	32	425
甘　肃	39	136	52	9	144
青　海	6	96	29	1	49
宁　夏	21	46	8	3	67
新　疆	87	157	39	17	199

4-30　续表 4

单位：个、人

地　区	县（市）级机构数	在编干部职工人数	按职称分		
			高级技术职称	中级技术职称	初级技术职称
全国总计	**2 363**	**37 386**	**8 314**	**12 405**	**8 398**
北　京	5	103	14	29	15
天　津	10	381	55	139	134
河　北	154	2 069	508	718	493
山　西	83	1 610	245	521	293
内蒙古	67	1 194	396	321	278
辽　宁	60	835	196	380	147
吉　林	56	806	310	232	151
黑龙江	93	1 292	508	330	236
上　海	9	208	46	82	74
江　苏	85	1 555	561	634	303
浙　江	84	1 385	81	344	332
安　徽	102	1 307	365	475	355
福　建	75	355	88	148	96
江　西	99	903	190	332	253
山　东	112	2 571	379	995	544
河　南	109	3 515	437	806	655
湖　北	79	1 268	74	439	409
湖　南	121	1 390	173	439	327
广　东	55	956	39	215	265
广　西	94	785	158	354	174
海　南	9	91	7	30	16
重　庆	38	625	144	251	90
四　川	154	1 892	407	688	513
贵　州	75	857	222	376	185
云　南	122	1 934	1 028	582	252
西　藏	72	1 105	74	476	503
陕　西	89	2 015	310	578	402
甘　肃	85	1 746	476	550	334
青　海	41	635	150	274	179
宁　夏	22	485	187	144	124
新　疆	104	1 513	486	523	266

4-30 续表5

单位：个、人

地区	按学历分				离退休人员
	研究生	大学本科	大学专科	中专	
全国总计	**2 016**	**18 172**	**11 394**	**3 960**	**21 891**
北京	17	59	16	8	59
天津	13	213	85	63	16
河北	50	961	714	228	1 120
山西	55	730	538	211	1 607
内蒙古	73	681	266	114	1 151
辽宁	21	443	285	64	873
吉林	29	426	233	86	541
黑龙江	45	671	437	73	624
上海	34	139	25	10	249
江苏	215	875	399	64	1 472
浙江	164	941	239	34	966
安徽	77	706	310	199	893
福建	32	249	61	12	108
江西	28	418	316	96	308
山东	270	1 377	576	293	1 449
河南	86	786	1 227	671	1 566
湖北	49	428	476	237	500
湖南	35	486	570	176	1 001
广东	45	292	301	183	943
广西	6	348	330	76	337
海南	10	37	34	10	3
重庆	112	312	172	19	382
四川	120	937	609	166	546
贵州	65	435	306	40	195
云南	55	1 165	559	132	1 230
西藏	14	695	345	47	34
陕西	64	708	807	395	1 731
甘肃	81	961	525	130	520
青海	5	434	146	39	355
宁夏	27	347	95	13	222
新疆	119	912	392	71	890

4-31 各地区家畜繁育改良站基本情况

单位：个、人

地区	省级机构数	在编干部职工人数	按职称分		
			高级技术职称	中级技术职称	初级技术职称
全国总计	**10**	**575**	**132**	**124**	**101**
北京	0	0	0	0	0
天津	0	0	0	0	0
河北	1	47	34	10	3
山西	0	0	0	0	0
内蒙古	0	0	0	0	0
辽宁	0	0	0	0	0
吉林	0	0	0	0	0
黑龙江	0	0	0	0	0
上海	0	0	0	0	0
江苏	0	0	0	0	0
浙江	0	0	0	0	0
安徽	1	22	10	6	2
福建	0	0	0	0	0
江西	0	0	0	0	0
山东	0	0	0	0	0
河南	0	0	0	0	0
湖北	1	87	13	26	10
湖南	1	27	12	13	2
广东	0	0	0	0	0
广西	1	42	12	18	0
海南	0	0	0	0	0
重庆	0	0	0	0	0
四川	0	0	0	0	0
贵州	0	0	0	0	0
云南	0	0	0	0	0
西藏	0	0	0	0	0
陕西	1	49	11	10	6
甘肃	1	43	12	12	14
青海	3	258	28	29	64
宁夏	0	0	0	0	0
新疆	0	0	0	0	0

4-31　续表 1

单位：个、人

地　区	按学历分				离退休人员
	研究生	大学本科	大学专科	中专	
全国总计	**62**	**292**	**70**	**29**	**863**
北　京	0	0	0	0	0
天　津	0	0	0	0	0
河　北	0	38	6	3	58
山　西	0	0	0	0	0
内蒙古	0	0	0	0	0
辽　宁	0	0	0	0	0
吉　林	0	0	0	0	0
黑龙江	0	0	0	0	0
上　海	0	0	0	0	0
江　苏	0	0	0	0	0
浙　江	0	0	0	0	0
安　徽	7	10	5	0	16
福　建	0	0	0	0	0
江　西	0	0	0	0	0
山　东	0	0	0	0	0
河　南	0	0	0	0	0
湖　北	14	36	17	13	170
湖　南	5	18	1	3	1
广　东	0	0	0	0	0
广　西	9	25	4	0	43
海　南	0	0	0	0	0
重　庆	0	0	0	0	0
四　川	0	0	0	0	0
贵　州	0	0	0	0	0
云　南	0	0	0	0	0
西　藏	0	0	0	0	0
陕　西	8	23	5	3	86
甘　肃	7	22	10	4	31
青　海	12	120	22	3	458
宁　夏	0	0	0	0	0
新　疆	0	0	0	0	0

4－31　续表 2

单位：个、人

地　区	地（市）级机构数	在编干部职工人数	按职称分		
			高级技术职称	中级技术职称	初级技术职称
全国总计	**19**	**359**	**112**	**117**	**47**
北　京	0	0	0	0	0
天　津	0	0	0	0	0
河　北	1	3	0	2	1
山　西	1	8	2	2	1
内蒙古	2	111	26	43	14
辽　宁	0	0	0	0	0
吉　林	0	0	0	0	0
黑龙江	1	7	5	2	0
上　海	0	0	0	0	0
江　苏	0	0	0	0	0
浙　江	0	0	0	0	0
安　徽	0	0	0	0	0
福　建	0	0	0	0	0
江　西	0	0	0	0	0
山　东	0	0	0	0	0
河　南	3	59	25	20	5
湖　北	0	0	0	0	0
湖　南	1	11	5	5	1
广　东	0	0	0	0	0
广　西	0	0	0	0	0
海　南	0	0	0	0	0
重　庆	0	0	0	0	0
四　川	1	10	4	3	1
贵　州	0	0	0	0	0
云　南	3	29	16	9	2
西　藏	1	6	1	1	2
陕　西	1	37	2	3	4
甘　肃	1	6	3	2	1
青　海	1	13	4	6	2
宁　夏	0	0	0	0	0
新　疆	2	59	19	19	13

4-31 续表3

单位：个、人

地区	按学历分				离退休人员
	研究生	大学本科	大学专科	中专	
全国总计	**75**	**161**	**52**	**16**	**328**
北京	0	0	0	0	0
天津	0	0	0	0	0
河北	0	2	1	0	0
山西	0	3	0	2	0
内蒙古	36	48	8	1	161
辽宁	0	0	0	0	0
吉林	0	0	0	0	0
黑龙江	1	4	1	1	10
上海	0	0	0	0	0
江苏	0	0	0	0	0
浙江	0	0	0	0	0
安徽	0	0	0	0	0
福建	0	0	0	0	0
江西	0	0	0	0	0
山东	0	0	0	0	0
河南	8	34	10	1	26
湖北	0	0	0	0	0
湖南	3	5	2	1	7
广东	0	0	0	0	0
广西	0	0	0	0	0
海南	0	0	0	0	0
重庆	0	0	0	0	0
四川	1	4	4	1	1
贵州	0	0	0	0	0
云南	4	22	2	0	22
西藏	1	3	2	0	0
陕西	0	2	5	3	64
甘肃	2	4	0	0	0
青海	1	5	3	4	1
宁夏	0	0	0	0	0
新疆	18	25	14	2	36

4-31 续表 4

单位：个、人

地区	县（市）级机构数	在编干部职工人数	按职称分		
			高级技术职称	中级技术职称	初级技术职称
全国总计	**287**	**2 257**	**492**	**735**	**573**
北京	0	0	0	0	0
天津	0	0	0	0	0
河北	22	141	14	34	47
山西	21	86	12	34	16
内蒙古	25	322	100	97	90
辽宁	13	97	24	52	15
吉林	7	111	37	30	26
黑龙江	19	87	38	27	11
上海	0	0	0	0	0
江苏	10	43	9	19	15
浙江	1	2	0	0	1
安徽	7	23	1	4	15
福建	0	0	0	0	0
江西	2	10	1	4	2
山东	5	39	5	10	7
河南	39	429	37	101	110
湖北	10	74	7	32	16
湖南	15	62	5	21	22
广东	4	61	0	46	8
广西	5	36	10	8	15
海南	1	2	0	2	0
重庆	3	27	8	10	5
四川	16	102	21	39	30
贵州	21	103	31	47	20
云南	17	137	83	38	12
西藏	6	78	3	22	46
陕西	3	36	4	16	13
甘肃	6	55	12	17	8
青海	0	0	0	0	0
宁夏	0	0	0	0	0
新疆	9	94	30	25	23

4－31 续表5

单位：个、人

地区	按学历分				离退休人员
	研究生	大学本科	大学专科	中专	
全国总计	**76**	**919**	**685**	**337**	**1 372**
北京	0	0	0	0	0
天津	0	0	0	0	0
河北	0	40	47	27	83
山西	4	36	28	13	33
内蒙古	27	207	65	11	259
辽宁	4	34	45	14	146
吉林	6	36	45	16	94
黑龙江	1	47	29	4	34
上海	0	0	0	0	0
江苏	3	18	13	9	69
浙江	0	0	1	1	4
安徽	0	1	20	2	42
福建	0	0	0	0	0
江西	0	6	3	0	0
山东	0	9	9	20	60
河南	3	83	111	84	121
湖北	4	27	25	8	24
湖南	0	17	25	19	10
广东	0	7	8	36	114
广西	0	11	11	14	27
海南	0	1	1	0	0
重庆	6	12	8	1	0
四川	3	54	33	9	48
贵州	6	56	33	6	59
云南	5	83	38	9	82
西藏	0	34	31	12	3
陕西	2	20	14	0	13
甘肃	0	31	14	7	1
青海	0	0	0	0	0
宁夏	0	0	0	0	0
新疆	2	49	28	15	46

4-32　各地区草原工作站基本情况

单位：个、人

地　区	省级机构数	在编干部职工人数	按职称分		
			高级技术职称	中级技术职称	初级技术职称
全国总计	**3**	**86**	**27**	**28**	**11**
北　京	0	0	0	0	0
天　津	0	0	0	0	0
河　北	0	0	0	0	0
山　西	0	0	0	0	0
内蒙古	0	0	0	0	0
辽　宁	0	0	0	0	0
吉　林	0	0	0	0	0
黑龙江	0	0	0	0	0
上　海	0	0	0	0	0
江　苏	0	0	0	0	0
浙　江	0	0	0	0	0
安　徽	0	0	0	0	0
福　建	0	0	0	0	0
江　西	0	0	0	0	0
山　东	0	0	0	0	0
河　南	0	0	0	0	0
湖　北	0	0	0	0	0
湖　南	0	0	0	0	0
广　东	0	0	0	0	0
广　西	0	0	0	0	0
海　南	0	0	0	0	0
重　庆	0	0	0	0	0
四　川	1	28	14	9	4
贵　州	1	43	9	16	1
云　南	1	15	4	3	6
西　藏	0	0	0	0	0
陕　西	0	0	0	0	0
甘　肃	0	0	0	0	0
青　海	0	0	0	0	0
宁　夏	0	0	0	0	0
新　疆	0	0	0	0	0

4-32　续表 1

单位：个、人

地　区	按学历分				离退休人员
	研究生	大学本科	大学专科	中专	
全国总计	**45**	**22**	**6**	**2**	**56**
北　京	0	0	0	0	0
天　津	0	0	0	0	0
河　北	0	0	0	0	0
山　西	0	0	0	0	0
内蒙古	0	0	0	0	0
辽　宁	0	0	0	0	0
吉　林	0	0	0	0	0
黑龙江	0	0	0	0	0
上　海	0	0	0	0	0
江　苏	0	0	0	0	0
浙　江	0	0	0	0	0
安　徽	0	0	0	0	0
福　建	0	0	0	0	0
江　西	0	0	0	0	0
山　东	0	0	0	0	0
河　南	0	0	0	0	0
湖　北	0	0	0	0	0
湖　南	0	0	0	0	0
广　东	0	0	0	0	0
广　西	0	0	0	0	0
海　南	0	0	0	0	0
重　庆	0	0	0	0	0
四　川	18	6	3	1	19
贵　州	20	10	3	1	24
云　南	7	6	0	0	13
西　藏	0	0	0	0	0
陕　西	0	0	0	0	0
甘　肃	0	0	0	0	0
青　海	0	0	0	0	0
宁　夏	0	0	0	0	0
新　疆	0	0	0	0	0

4－32 续表 2

单位：个、人

地区	地（市）级机构数	在编干部职工人数	按职称分		
			高级技术职称	中级技术职称	初级技术职称
全国总计	**11**	**82**	**27**	**30**	**11**
北京	0	0	0	0	0
天津	0	0	0	0	0
河北	0	0	0	0	0
山西	1	14	3	6	2
内蒙古	0	0	0	0	0
辽宁	0	0	0	0	0
吉林	0	0	0	0	0
黑龙江	0	0	0	0	0
上海	0	0	0	0	0
江苏	0	0	0	0	0
浙江	0	0	0	0	0
安徽	0	0	0	0	0
福建	0	0	0	0	0
江西	0	0	0	0	0
山东	0	0	0	0	0
河南	1	12	2	3	2
湖北	0	0	0	0	0
湖南	0	0	0	0	0
广东	0	0	0	0	0
广西	0	0	0	0	0
海南	0	0	0	0	0
重庆	0	0	0	0	0
四川	2	9	4	3	2
贵州	5	36	13	14	4
云南	1	6	4	1	1
西藏	1	5	1	3	0
陕西	0	0	0	0	0
甘肃	0	0	0	0	0
青海	0	0	0	0	0
宁夏	0	0	0	0	0
新疆	0	0	0	0	0

4-32　续表3

单位：个、人

地　区	按学历分				离退休人员
	研究生	大学本科	大学专科	中专	
全国总计	**12**	**48**	**14**	**5**	**41**
北　京	0	0	0	0	0
天　津	0	0	0	0	0
河　北	0	0	0	0	0
山　西	1	6	5	2	0
内蒙古	0	0	0	0	0
辽　宁	0	0	0	0	0
吉　林	0	0	0	0	0
黑龙江	0	0	0	0	0
上　海	0	0	0	0	0
江　苏	0	0	0	0	0
浙　江	0	0	0	0	0
安　徽	0	0	0	0	0
福　建	0	0	0	0	0
江　西	0	0	0	0	0
山　东	0	0	0	0	0
河　南	0	4	3	2	9
湖　北	0	0	0	0	0
湖　南	0	0	0	0	0
广　东	0	0	0	0	0
广　西	0	0	0	0	0
海　南	0	0	0	0	0
重　庆	0	0	0	0	0
四　川	3	5	1	0	7
贵　州	6	25	4	1	20
云　南	2	4	0	0	5
西　藏	0	4	1	0	0
陕　西	0	0	0	0	0
甘　肃	0	0	0	0	0
青　海	0	0	0	0	0
宁　夏	0	0	0	0	0
新　疆	0	0	0	0	0

4-32　续表 4

单位：个、人

地　区	县（市）级机构数	在编干部职工人数	按职称分		
			高级技术职称	中级技术职称	初级技术职称
全国总计	**121**	**772**	**213**	**273**	**176**
北　京	0	0	0	0	0
天　津	0	0	0	0	0
河　北	2	7	2	2	3
山　西	12	53	5	27	7
内蒙古	2	43	13	13	10
辽　宁	0	0	0	0	0
吉　林	1	3	0	2	1
黑龙江	7	20	10	5	5
上　海	0	0	0	0	0
江　苏	0	0	0	0	0
浙　江	0	0	0	0	0
安　徽	0	0	0	0	0
福　建	0	0	0	0	0
江　西	4	25	5	9	8
山　东	0	0	0	0	0
河　南	5	44	6	8	10
湖　北	8	37	4	21	10
湖　南	3	6	1	4	0
广　东	0	0	0	0	0
广　西	0	0	0	0	0
海　南	0	0	0	0	0
重　庆	0	0	0	0	0
四　川	11	67	25	22	12
贵　州	32	216	36	94	81
云　南	19	130	85	30	15
西　藏	5	25	2	12	7
陕　西	0	0	0	0	0
甘　肃	9	88	19	24	7
青　海	0	0	0	0	0
宁　夏	0	0	0	0	0
新　疆	1	8	0	0	0

4－32　续表 5

单位：个、人

地　区	按学历分				离退休人员
	研究生	大学本科	大学专科	中专	
全国总计	**44**	**377**	**257**	**70**	**255**
北　京	0	0	0	0	0
天　津	0	0	0	0	0
河　北	0	2	4	1	0
山　西	3	14	22	8	35
内蒙古	1	24	15	3	34
辽　宁	0	0	0	0	0
吉　林	0	2	1	0	0
黑龙江	0	15	5	0	12
上　海	0	0	0	0	0
江　苏	0	0	0	0	0
浙　江	0	0	0	0	0
安　徽	0	0	0	0	0
福　建	0	0	0	0	0
江　西	1	15	5	3	0
山　东	0	0	0	0	0
河　南	1	7	12	14	23
湖　北	3	13	13	6	14
湖　南	0	1	4	1	1
广　东	0	0	0	0	0
广　西	0	0	0	0	0
海　南	0	0	0	0	0
重　庆	0	0	0	0	0
四　川	6	31	23	3	23
贵　州	13	110	85	8	13
云　南	9	87	27	6	95
西　藏	1	20	3	1	0
陕　西	0	0	3	0	2
甘　肃	6	36	28	15	3
青　海	0	0	0	0	0
宁　夏	0	0	0	0	0
新　疆	0	0	7	1	0

4－33　各地区饲料监察所基本情况

单位：个、人

地　区	省级机构数	在编干部职工人数	按职称分		
			高级技术职称	中级技术职称	初级技术职称
全国总计	**16**	**458**	**226**	**122**	**47**
北　京	1	35	17	12	0
天　津	0	0	0	0	0
河　北	1	32	23	5	4
山　西	0	0	0	0	0
内蒙古	0	0	0	0	0
辽　宁	0	0	0	0	0
吉　林	1	33	0	0	0
黑龙江	1	42	34	4	2
上　海	0	0	0	0	0
江　苏	0	0	0	0	0
浙　江	1	24	12	11	0
安　徽	1	23	9	10	3
福　建	0	0	0	0	0
江　西	1	25	16	6	3
山　东	1	30	22	5	3
河　南	0	0	0	0	0
湖　北	0	0	0	0	0
湖　南	1	26	12	10	4
广　东	0	0	0	0	0
广　西	1	36	12	13	6
海　南	1	12	10	1	0
重　庆	0	0	0	0	0
四　川	1	15	11	1	2
贵　州	1	19	13	5	1
云　南	0	0	0	0	0
西　藏	0	0	0	0	0
陕　西	0	0	0	0	0
甘　肃	0	0	0	0	0
青　海	1	18	4	6	5
宁　夏	1	28	11	15	2
新　疆	1	60	20	18	12

4-33 续表 1

单位：个、人

地 区	按学历分				离退休人员
	研究生	大学本科	大学专科	中专	
全国总计	**178**	**233**	**38**	**5**	**264**
北 京	14	18	3	0	20
天 津	0	0	0	0	0
河 北	7	20	3	1	19
山 西	0	0	0	0	0
内蒙古	0	0	0	0	0
辽 宁	0	0	0	0	0
吉 林	9	20	3	1	27
黑龙江	32	8	2	0	33
上 海	0	0	0	0	0
江 苏	0	0	0	0	0
浙 江	11	11	1	0	7
安 徽	14	7	2	0	16
福 建	0	0	0	0	0
江 西	11	12	2	0	4
山 东	17	12	1	0	17
河 南	0	0	0	0	0
湖 北	0	0	0	0	0
湖 南	7	16	3	0	17
广 东	0	0	0	0	0
广 西	7	27	2	0	25
海 南	7	5	0	0	1
重 庆	0	0	0	0	0
四 川	4	10	1	0	11
贵 州	10	7	2	0	14
云 南	0	0	0	0	0
西 藏	0	0	0	0	0
陕 西	0	0	0	0	0
甘 肃	0	0	0	0	0
青 海	2	14	2	0	1
宁 夏	15	11	2	0	14
新 疆	11	35	9	3	38

4-33　续表 2

单位：个、人

地　区	地（市）级机构数	在编干部职工人数	按职称分		
			高级技术职称	中级技术职称	初级技术职称
全国总计	**23**	**193**	**60**	**45**	**21**
北　京	0	0	0	0	0
天　津	0	0	0	0	0
河　北	0	0	0	0	0
山　西	1	1	1	0	0
内蒙古	0	0	0	0	0
辽　宁	3	17	2	2	4
吉　林	2	43	7	2	0
黑龙江	1	3	2	1	0
上　海	0	0	0	0	0
江　苏	0	0	0	0	0
浙　江	0	0	0	0	0
安　徽	0	0	0	0	0
福　建	0	0	0	0	0
江　西	0	0	0	0	0
山　东	0	0	0	0	0
河　南	0	0	0	0	0
湖　北	1	3	0	3	0
湖　南	2	4	0	2	0
广　东	1	8	1	4	3
广　西	0	0	0	0	0
海　南	0	0	0	0	0
重　庆	0	0	0	0	0
四　川	4	28	8	7	3
贵　州	2	14	3	6	3
云　南	4	65	36	17	7
西　藏	0	0	0	0	0
陕　西	0	0	0	0	0
甘　肃	1	2	0	1	1
青　海	0	0	0	0	0
宁　夏	0	0	0	0	0
新　疆	1	5	0	0	0

4-33 续表3

单位：个、人

地区	按学历分				离退休人员
	研究生	大学本科	大学专科	中专	
全国总计	**33**	**115**	**34**	**10**	**77**
北京	0	0	0	0	0
天津	0	0	0	0	0
河北	0	0	0	0	0
山西	1	0	0	0	0
内蒙古	0	0	0	0	0
辽宁	4	12	1	0	5
吉林	1	31	7	4	2
黑龙江	0	2	1	0	2
上海	0	0	0	0	0
江苏	0	0	0	0	0
浙江	0	0	0	0	0
安徽	0	0	0	0	0
福建	0	0	0	0	0
江西	0	0	0	0	0
山东	0	0	0	0	0
河南	0	0	0	0	0
湖北	0	2	1	0	0
湖南	0	4	0	0	0
广东	1	7	0	0	2
广西	0	0	0	0	0
海南	0	0	0	0	0
重庆	0	0	0	0	0
四川	6	10	9	3	9
贵州	1	8	5	0	9
云南	18	34	10	2	39
西藏	0	0	0	0	0
陕西	0	0	0	0	0
甘肃	1	1	0	0	0
青海	0	0	0	0	0
宁夏	0	0	0	0	0
新疆	0	4	0	1	9

4－33　续表 4

单位：个、人

地区	县（市）级机构数	在编干部职工人数	按职称分		
			高级技术职称	中级技术职称	初级技术职称
全国总计	**233**	**2 101**	**403**	**731**	**507**
北　京	0	0	0	0	0
天　津	0	0	0	0	0
河　北	25	108	31	38	25
山　西	3	15	1	3	11
内蒙古	6	48	12	18	13
辽　宁	18	123	28	54	38
吉　林	12	249	53	75	87
黑龙江	8	40	10	18	12
上　海	0	0	0	0	0
江　苏	2	18	8	6	1
浙　江	0	0	0	0	0
安　徽	2	9	4	2	3
福　建	0	0	0	0	0
江　西	7	31	4	14	10
山　东	10	37	10	15	7
河　南	24	495	25	130	138
湖　北	13	222	32	122	54
湖　南	26	109	10	44	29
广　东	3	39	4	17	11
广　西	0	0	0	0	0
海　南	0	0	0	0	0
重　庆	2	11	1	3	0
四　川	13	82	11	46	20
贵　州	20	62	13	29	14
云　南	24	209	129	58	20
西　藏	0	0	0	0	0
陕　西	2	26	0	2	2
甘　肃	11	147	17	37	12
青　海	0	0	0	0	0
宁　夏	0	0	0	0	0
新　疆	2	21	0	0	0

4-33 续表5

单位：个、人

地区	按学历分				离退休人员
	研究生	大学本科	大学专科	中专	
全国总计	**48**	**774**	**739**	**340**	**530**
北京	0	0	0	0	0
天津	0	0	0	0	0
河北	0	57	31	18	11
山西	1	11	2	1	0
内蒙古	1	19	19	4	34
辽宁	1	78	37	7	27
吉林	2	76	85	76	94
黑龙江	3	25	8	2	2
上海	0	0	0	0	0
江苏	0	11	4	3	1
浙江	0	0	0	0	0
安徽	1	5	1	2	7
福建	0	0	0	0	0
江西	0	19	8	3	3
山东	2	15	11	3	0
河南	3	64	162	112	80
湖北	4	63	103	49	84
湖南	3	36	48	19	1
广东	0	13	20	6	38
广西	0	0	0	0	0
海南	0	0	0	0	0
重庆	2	4	3	2	0
四川	7	34	35	3	17
贵州	1	32	26	2	12
云南	3	138	56	12	72
西藏	0	0	0	0	0
陕西	0	15	10	0	0
甘肃	14	53	59	12	23
青海	0	0	0	0	0
宁夏	0	0	0	0	0
新疆	0	6	11	4	24

4－34　各地区乡镇畜牧兽医站基本情况

单位：个、人、万元

地　区	站数	职工总数		按职称分			
			在编人数	高级技术职称	中级技术职称	初级技术职称	技术员
全国总计	**24 183**	**116 674**	**91 604**	**14 159**	**31 871**	**27 985**	**10 358**
北　京	31	204	148	9	39	30	48
天　津	20	137	78	7	24	10	5
河　北	892	4 022	3 589	396	989	1 180	455
山　西	173	492	376	51	136	144	26
内蒙古	634	5 019	2 761	688	961	596	262
辽　宁	517	1 907	1 695	186	1 041	342	61
吉　林	642	3 759	3 653	870	1 398	839	230
黑龙江	786	3 145	2 845	833	959	624	329
上　海	82	882	200	14	53	83	17
江　苏	672	3 631	2 979	516	1 380	834	169
浙　江	295	903	447	11	180	146	97
安　徽	1 030	2 592	1 619	333	601	475	161
福　建	899	1 693	1 506	230	537	532	170
江　西	1 185	3 520	2 443	71	454	910	900
山　东	1 180	6 811	4 234	626	1 871	1 069	249
河　南	793	3 534	2 399	148	380	461	622
湖　北	879	8 427	3 217	62	775	1 274	680
湖　南	1 620	8 393	6 171	350	1 951	2 261	1 070
广　东	512	3 083	2 195	54	537	663	382
广　西	1 040	4 049	3 895	333	1 842	1 172	419
海　南	8	78	7	0	0	2	1
重　庆	914	4 380	3 957	531	1 667	987	321
四　川	2 599	14 136	13 176	1 893	5 445	4 418	803
贵　州	1 409	5 749	4 922	866	1 739	1 527	560
云　南	1 378	5 524	5 411	3 024	1 244	848	225
西　藏	612	4 258	4 128	16	890	2 290	862
陕　西	762	2 669	2 259	178	650	614	242
甘　肃	1 144	4 959	3 857	662	1 301	1 398	157
青　海	357	1 583	1 529	216	670	454	144
宁　夏	188	615	615	186	168	172	83
新　疆	930	6 520	5 293	799	1 989	1 630	608

4-34　续表1

单位：个、人、万元

地区	按学历分				离退休人员
	研究生	大学本科	大学专科	中专	
全国总计	**1 123**	**32 469**	**38 267**	**15 582**	**46 211**
北　京	4	111	23	8	49
天　津	2	30	28	10	12
河　北	32	1 002	1 644	753	1 599
山　西	7	136	187	37	464
内蒙古	46	1 193	1 010	397	781
辽　宁	17	800	801	56	804
吉　林	24	1 088	1 498	914	2 175
黑龙江	32	961	1 343	467	799
上　海	9	131	37	22	439
江　苏	124	1 353	1 104	332	4 278
浙　江	13	167	169	96	798
安　徽	22	513	705	363	852
福　建	47	856	426	166	255
江　西	3	358	973	790	1 335
山　东	172	2 118	1 192	695	3 206
河　南	11	324	831	833	924
湖　北	7	349	1 022	1 361	4 000
湖　南	23	989	2 692	1 915	3 826
广　东	61	575	634	695	1 581
广　西	15	1 265	2 039	491	1 103
海　南	0	4	2	1	0
重　庆	75	993	1 923	531	3 130
四　川	134	3 677	7 408	1 706	7 808
贵　州	38	1 797	2 427	563	491
云　南	42	2 707	2 076	561	1 460
西　藏	19	2 832	1 186	63	10
陕　西	35	694	738	484	1 608
甘　肃	46	1 951	1 289	490	517
青　海	8	971	387	138	208
宁　夏	20	368	174	32	282
新　疆	35	2 156	2 299	612	1 417

4-34　续表 2

单位：个、人、万元

地区	经营情况			
	盈余站数	盈余金额	亏损站数	亏损金额
全国总计	**683**	**1 129.1**	**730**	**4 874.9**
北　京	0	0.0	0	0.0
天　津	0	0.0	4	155.1
河　北	42	89.0	150	1 053.9
山　西	7	200.0	8	247.5
内蒙古	0	0.0	1	16.0
辽　宁	0	0.0	0	0.0
吉　林	0	0.0	0	0.0
黑龙江	0	0.0	7	55.1
上　海	0	0.0	0	0.0
江　苏	2	3.9	13	2.2
浙　江	26	59.2	7	89.8
安　徽	21	24.5	19	63.4
福　建	15	4.1	0	0.0
江　西	50	100.4	111	387.3
山　东	30	91.7	28	85.1
河　南	37	22.9	51	59.3
湖　北	183	180.8	85	377.2
湖　南	89	117.3	122	724.5
广　东	2	2.0	21	304.2
广　西	4	3.3	6	5.6
海　南	0	0.0	0	0.0
重　庆	0	0.0	0	0.0
四　川	47	12.5	50	599.3
贵　州	0	0.0	0	0.0
云　南	26	50.9	0	0.0
西　藏	0	0.0	0	0.0
陕　西	7	15.1	0	0.0
甘　肃	55	17.8	16	10.0
青　海	28	26.4	23	42.3
宁　夏	0	0.0	0	0.0
新　疆	12	107.4	8	597.0

4-34 续表3

单位：个、人、万元

地区	全年总收入	经营服务收入	全年总支出	工资总额
全国总计	**912 481.0**	**49 717.0**	**888 026.9**	**739 151.8**
北京	4 833.0	0.0	4 833.0	2 191.8
天津	891.8	0.0	1 046.9	1 046.9
河北	23 628.2	2 749.3	24 372.1	19 221.1
山西	2 813.0	165.6	2 674.4	2 214.6
内蒙古	24 645.5	1 738.0	24 643.3	22 886.3
辽宁	13 182.6	0.0	13 178.6	12 816.6
吉林	28 078.2	97.8	27 985.9	27 301.2
黑龙江	21 518.7	3 264.9	21 571.2	17 478.4
上海	4 035.4	16.7	4 035.4	2 829.8
江苏	60 584.4	1.4	60 580.5	34 811.8
浙江	5 649.2	121.1	5 679.9	3 753.6
安徽	14 092.3	665.5	14 004.0	13 027.7
福建	14 856.8	0.0	14 848.4	12 617.3
江西	18 639.5	1 140.1	18 193.2	15 477.0
山东	47 411.6	2 535.1	47 321.1	43 570.9
河南	9 816.4	1 489.9	9 640.9	9 178.8
湖北	46 196.1	1 513.5	37 858.7	19 546.5
湖南	48 258.2	3 647.0	45 458.7	39 816.0
广东	23 120.3	1 280.0	23 251.9	18 700.5
广西	45 660.5	1 275.8	45 531.0	30 096.5
海南	134.9	0.0	134.9	9.1
重庆	40 089.4	171.2	40 089.4	33 424.9
四川	125 357.8	3 581.7	125 313.2	108 204.4
贵州	34 401.5	714.5	33 991.2	33 986.2
云南	56 373.5	1 852.4	56 316.0	55 848.3
西藏	60 890.7	9 154.4	49 896.1	39 147.0
陕西	19 303.0	1 512.0	18 577.0	17 360.6
甘肃	34 977.0	4 116.7	34 545.3	30 710.9
青海	22 924.0	2 022.9	22 940.0	20 058.4
宁夏	6 249.1	0.0	6 249.1	6 249.1
新疆	53 868.5	4 889.5	53 265.5	45 569.5

4－35 各地区牧区县畜牧生产情况

地区	基本情况				
	牧业人口数（万人）	人均纯收入（元/人）	牧业收入	牧户数（户）	定居牧户数
全国总计	**405.1**	**16 919.2**	**10 541.4**	**1 098 988**	**1 065 755**
内蒙古	75.0	21 435.9	16 359.4	273 212	259 846
黑龙江	5.8	19 530.0	9 786.0	25 141	25 141
四川	83.9	14 033.3	7 079.3	187 414	185 666
西藏	50.6	19 423.6	9 881.7	109 765	103 722
甘肃	30.2	13 982.0	9 081.8	73 395	73 395
青海	90.2	14 828.6	12 190.5	238 310	238 025
宁夏	21.7	15 799.8	4 987.2	68 404	66 643
新疆	47.8	18 242.8	8 605.2	123 347	113 317

地区	畜禽饲养情况				
	大牲畜年末存栏（头）	牛年末存栏	能繁母牛存栏#	当年成活犊牛#	牦牛年末存栏#
全国总计	**20 049 970**	**18 078 172**	**9 336 566**	**5 116 409**	**12 019 976**
内蒙古	3 885 178	3 141 366	1 895 325	803 849	0
黑龙江	163 881	151 175	77 204	31 073	0
四川	3 328 169	3 061 372	1 415 024	913 487	2 752 193
西藏	2 412 494	2 372 562	890 801	377 243	2 368 755
甘肃	1 357 446	1 279 540	767 150	464 258	1 223 383
青海	5 796 781	5 695 934	2 962 010	1 685 762	5 565 278
宁夏	128 998	128 785	64 535	48 141	0
新疆	2 977 023	2 247 438	1 264 517	792 596	110 367

4-35 续表1

地区	畜禽饲养情况（续）				
	绵羊年末存栏（只）	能繁母羊#	当年生羔羊#	细毛羊#	半细毛羊#
全国总计	**42 111 177**	**28 818 410**	**10 436 410**	**4 258 999**	**6 617 691**
内蒙古	16 114 541	12 379 071	3 238 823	2 347 879	1 929 799
黑龙江	316 449	253 516	33 514	0	316 449
四川	1 005 654	487 199	317 144	106 377	807 341
西藏	3 299 964	1 418 554	952 974	0	2 432
甘肃	3 221 118	2 295 082	847 145	1 280 936	1 104 664
青海	9 063 487	5 393 137	3 101 500	35 089	249 921
宁夏	2 082 700	1 284 924	622 648	0	1 107 082
新疆	7 007 264	5 306 927	1 322 662	488 718	1 100 003

地区	畜禽饲养情况（续）		畜产品产量与出栏情况			
	山羊年末存栏（只）	绒山羊	肉类总产量（吨）	牛肉产量#	猪肉产量#	羊肉产量#
全国总计	**8 692 536**	**7 159 265**	**1 742 427**	**814 010**	**129 796**	**714 573**
内蒙古	5 719 226	5 370 400	635 928	237 304	56 916	319 498
黑龙江	12 074	1 820	52 713	19 457	17 454	7 236
四川	123 665	3 741	149 902	105 728	26 424	16 513
西藏	1 286 036	542 481	107 157	81 006	4	26 143
甘肃	190 394	187 730	134 183	60 221	6 662	65 495
青海	252 635	205 371	253 566	152 159	6 101	94 232
宁夏	373 649	373 649	91 845	13 049	5 325	71 190
新疆	734 857	474 073	317 132	145 085	10 909	114 266

4-35 续表 2

地区	畜产品产量与出栏情况（续）					
	奶产量（吨）	毛产量（吨）	山羊绒产量#	山羊毛产量#	绵羊毛产量#	
						细羊毛产量#
全国总计	**2 908 825**	**72 771**	**4 234**	**3 084**	**62 676**	**16 226**
内蒙古	1 363 492	34 681	3 289	1 336	29 442	10 689
黑龙江	443 559	584	0	22	562	0
四川	210 331	1 913	3	112	1 774	267
西藏	108 052	4 593	361	372	3 257	402
甘肃	79 785	5 946	44	71	4 834	3 079
青海	150 321	7 996	116	72	7 808	0
宁夏	70 408	3 606	175	355	3 076	0
新疆	482 877	13 450	247	744	11 923	1 789

地区	畜产品产量与出栏情况（续）				
	毛产量(吨)(续) 绵羊毛产量（续） 半细羊毛产量#	牛皮产量（万张）	羊皮产量（万张）	牛出栏（头）	羊出栏（只）
全国总计	**15 338**	**467.3**	**3 057.9**	**5 907 503**	**36 737 010**
内蒙古	6 256	130.8	1 613.0	1 361 943	16 644 348
黑龙江	562	1.0	1.3	115 556	435 166
四川	1 473	74.1	84.8	896 853	966 165
西藏	512	38.8	113.6	525 073	1 421 061
甘肃	1 507	23.0	175.1	528 520	2 806 131
青海	765	137.3	437.9	1 547 867	5 153 646
宁夏	2 103	4.3	189.7	67 859	3 324 444
新疆	2 160	58.1	442.4	863 832	5 986 049

4-35 续表3

地区	畜产品出售情况（吨）			
	出售肉类总量	牛肉#	猪肉#	羊肉#
全国总计	**1 521 461**	**700 636**	**121 693**	**658 139**
内蒙古	597 213	221 913	55 430	305 719
黑龙江	52 713	19 457	17 454	7 236
四川	123 170	86 814	21 557	14 089
西藏	53 812	36 492	1	17 316
甘肃	122 776	59 271	6 277	56 504
青海	220 053	132 371	5 368	82 226
宁夏	91 845	13 049	5 325	71 190
新疆	259 878	131 269	10 280	103 859

地区	畜产品出售情况（吨）（续）		
	出售奶总量	出售羊绒总量	出售羊毛总量
全国总计	**2 522 381**	**4 073**	**58 531**
内蒙古	1 185 934	3 207	29 420
黑龙江	443 559	0	584
四川	158 808	2	1 355
西藏	51 191	296	2 650
甘肃	70 665	44	4 842
青海	122 200	113	6 711
宁夏	59 908	175	3 374
新疆	430 117	235	9 595

4－36 各地区半牧区县畜牧生产情况

地区	基本情况				
	牧业人口数（万人）	人均纯收入（元/人）	牧业收入	牧户数（户）	定居牧户数
全国总计	**1 267.4**	**14 411.6**	**6 126.1**	**3 219 262**	**3 148 469**
河北	80.8	8 827.5	5 918.1	139 764	133 484
山西	6.5	7 948.0	4 962.0	17 424	16 953
内蒙古	237.1	15 105.9	7 659.3	694 872	686 955
辽宁	165.0	17 834.5	7 051.4	447 834	447 429
吉林	128.0	14 138.5	6 034.9	280 783	269 183
黑龙江	227.4	12 252.1	5 932.5	610 620	607 920
四川	201.1	16 644.3	5 238.0	527 838	516 889
云南	25.6	11 488.6	5 193.4	69 749	56 834
西藏	37.8	18 337.3	7 861.3	73 549	72 610
甘肃	81.0	11 233.4	3 768.9	130 445	120 663
青海	3.8	14 731.2	9 480.1	9 427	9 427
宁夏	41.2	9 910.0	1 450.0	133 950	133 950
新疆	32.0	20 940.8	8 362.6	83 007	76 172

地区	畜禽饲养情况				
	大牲畜年末存栏（头）	牛年末存栏	能繁母牛存栏#	当年成活犊牛#	牦牛年末存栏#
全国总计	**22 640 553**	**20 293 598**	**10 819 211**	**5 517 326**	**3 882 857**
河北	850 644	756 727	385 293	258 622	6 500
山西	27 329	24 035	13 493	9 710	0
内蒙古	8 368 209	7 600 374	4 595 651	1 918 900	203
辽宁	1 727 769	1 416 053	826 483	495 416	0
吉林	1 059 429	986 476	551 166	343 446	0
黑龙江	1 845 247	1 783 618	807 191	445 128	0
四川	2 669 411	2 244 334	963 959	559 260	1 084 813
云南	218 317	200 636	92 954	50 279	79 895
西藏	2 446 070	2 310 541	897 493	570 934	2 002 472
甘肃	696 617	578 005	281 196	175 032	189 358
青海	424 679	422 697	240 089	95 308	292 447
宁夏	173 530	170 300	99 548	54 750	0
新疆	2 133 302	1 799 802	1 064 695	540 541	227 169

4-36　续表 1

地　区	畜禽饲养情况（续）				
	绵羊年末存栏（只）	能繁母羊#	当年生羔羊#	细毛羊#	半细毛羊#
全国总计	**62 896 165**	**38 526 245**	**19 303 190**	**13 730 836**	**11 916 456**
河　北	1 463 307	765 176	673 903	452 861	1 008 440
山　西	283 498	184 273	99 225	0	283 498
内蒙古	26 708 902	17 286 331	7 761 165	8 570 151	1 519 558
辽　宁	5 065 014	2 525 411	1 598 806	0	0
吉　林	5 548 159	3 119 431	1 833 651	2 326 686	3 187 578
黑龙江	3 558 121	1 941 546	1 326 991	1 191 333	2 279 216
四　川	1 544 308	726 480	435 456	80 106	651 254
云　南	58 985	16 678	15 585	530	38 800
西　藏	1 439 589	726 383	469 896	6 318	525 219
甘　肃	6 185 551	3 161 756	2 760 995	314 284	358 958
青　海	1 854 831	1 310 459	432 203	0	1 166
宁　夏	525 500	341 575	156 500	0	0
新　疆	8 660 400	6 420 746	1 738 814	788 567	2 062 769

地　区	畜禽饲养情况（续）		畜产品产量与出栏情况		
	山羊年末存栏（只）	绒山羊	肉类总产量（吨）	牛肉产量#	猪肉产量#
全国总计	**12 315 049**	**7 867 080**	**7 442 851**	**1 515 306**	**3 295 288**
河　北	90 935	76 571	279 544	89 613	85 255
山　西	27 180	27 180	19 721	4 316	3 140
内蒙古	4 981 166	4 779 816	1 920 209	531 772	753 479
辽　宁	460 673	34 697	1 972 725	255 310	872 626
吉　林	112 325	88 077	755 402	83 948	409 096
黑龙江	349 004	84 054	912 014	147 058	551 061
四　川	2 696 180	7 191	581 337	83 809	398 770
云　南	132 942	0	39 025	4 638	30 493
西　藏	460 190	275 005	100 687	87 136	1 988
甘　肃	1 417 282	1 316 541	336 579	47 666	120 093
青　海	22 033	41	36 798	16 223	2 474
宁　夏	61 000	61 000	39 486	22 878	3 810
新　疆	1 504 139	1 116 907	449 324	140 940	63 002

4-36　续表 2

地区	畜产品产量与出栏情况（续）					
	肉类总产量（吨）（续）	奶产量（吨）	毛产量（吨）			
	羊肉产量#			山羊绒产量#	山羊毛产量#	绵羊毛产量#
全国总计	**1 377 695**	**6 381 046**	**107 519**	**3 316**	**5 255**	**95 674**
河　北	30 141	360 384	2 663	44	197	2 422
山　西	11 910	1 400	565	0	0	565
内蒙古	495 326	2 793 818	49 616	2 414	2 507	43 670
辽　宁	189 230	383 409	7 087	10	43	7 035
吉　林	154 451	139 204	8 526	45	34	8 206
黑龙江	69 943	1 841 752	7 362	22	592	6 698
四　川	62 764	110 437	2 523	1	245	2 261
云　南	1 794	18 803	74	0	18	52
西　藏	11 421	191 326	1 436	91	111	965
甘　肃	156 969	76 624	10 012	370	687	8 154
青　海	17 828	26 286	1 434	2	89	1 343
宁　夏	11 144	32 398	966	15	29	920
新　疆	164 775	405 205	15 256	305	704	13 384

地区	畜产品产量与出栏情况（续）			
	毛产量（吨）（续）		牛皮产量（万张）	羊皮产量（万张）
	绵羊毛产量（续）			
	细羊毛产量#	半细羊毛产量#		
全国总计	**30 774**	**21 450**	**567.2**	**5 335.3**
河　北	536	1 886	38.0	156.8
山　西	0	565	1.7	60.6
内蒙古	20 033	3 106	180.3	2 073.7
辽　宁	0	0	61.5	692.9
吉　林	3 858	4 348	27.2	391.0
黑龙江	2 158	4 313	46.9	233.1
四　川	224	1 851	56.7	303.7
云　南	3	43	1.6	2.4
西　藏	190	473	41.2	55.5
甘　肃	1 169	759	22.5	576.3
青　海	0	0	15.5	106.5
宁　夏	0	0	12.0	70.7
新　疆	2 602	4 107	62.4	612.0

4－36 续表 3

地 区	畜产品产量与出栏情况（续）		畜产品出售情况（吨）	
	牛出栏（头）	羊出栏（只）	出售肉类总量	牛肉#
全国总计	**8 754 873**	**72 367 112**	**6 237 383**	**1 302 876**
河 北	568 828	1 940 257	228 831	85 582
山 西	17 286	606 246	19 721	4 316
内蒙古	2 777 126	25 632 995	1 677 090	460 297
辽 宁	1 329 943	9 948 847	1 510 164	226 656
吉 林	495 349	6 754 872	711 075	80 448
黑龙江	886 809	4 136 849	740 395	120 223
四 川	687 497	3 938 098	470 461	68 821
云 南	35 133	110 241	35 164	4 054
西 藏	571 807	693 104	48 030	39 293
甘 肃	324 774	7 959 688	330 045	46 984
青 海	154 699	1 065 369	35 245	15 777
宁 夏	119 500	706 500	39 486	22 878
新 疆	786 122	8 874 046	391 675	127 546

地 区	畜产品出售情况（吨）（续）				
	出售肉类总量（续）		出售奶总量	出售羊绒总量	出售羊毛总量
	猪肉#	羊肉#			
全国总计	**3 006 535**	**1 262 525**	**5 888 775**	**3 265**	**95 332**
河 北	78 208	26 506	356 530	44	2 619
山 西	3 140	11 910	1 400	0	565
内蒙古	717 414	453 963	2 630 970	2 395	44 338
辽 宁	757 439	166 054	356 863	10	6 609
吉 林	404 955	150 853	136 603	45	7 977
黑龙江	503 525	57 946	1 787 944	22	7 116
四 川	327 531	54 628	80 686	0	1 871
云 南	28 068	1 733	10 581	0	31
西 藏	1 213	7 521	68 065	80	482
甘 肃	118 870	154 088	75 767	368	8 600
青 海	2 172	17 135	24 138	2	1 218
宁 夏	3 810	11 144	32 380	14	940
新 疆	60 191	149 044	326 848	287	12 968

五、畜产品及饲料集市价格

5-1 各地区2023年1月畜产品及饲料集市价格

单位：元/千克、元/只

地区	仔猪	生猪	猪肉	鸡蛋	商品代蛋雏鸡	商品代肉雏鸡	鸡肉	牛肉
全国均价	**34.55**	**16.32**	**29.80**	**12.24**	**3.87**	**3.33**	**25.02**	**88.43**
北京		16.85	29.20	11.09	3.80		20.53	76.39
天津	40.25	15.78	30.96	10.83	3.42	3.69	16.28	77.79
河北	31.02	15.42	26.39	10.25	3.18	2.84	17.26	74.07
山西	36.63	16.32	27.44	10.81	3.47	3.91	17.85	76.88
内蒙古	42.12	18.31	29.71	11.69	4.37	4.32	20.44	77.69
辽宁	34.59	14.98	25.23	10.44	3.51	2.86	18.09	80.02
吉林	34.94	14.87	24.42	11.04	3.57	2.71	18.36	79.15
黑龙江	33.68	14.93	23.75	10.53	3.59	3.26	17.27	80.05
上海	18.60	16.08	35.95	12.31			29.93	103.84
江苏	28.16	15.93	30.07	11.41	3.15	2.17	22.26	93.30
浙江	27.69	16.03	33.21	12.83	4.05	2.44	23.74	102.22
安徽	36.24	16.39	28.40	12.47	4.09	2.27	23.49	85.44
福建	40.97	16.50	30.99	12.53	4.48	2.44	31.63	102.84
江西	38.51	16.39	29.77	13.80	4.42	3.57	27.52	105.67
山东	33.06	15.40	29.96	10.69	3.28	2.28	19.16	81.69
河南	33.44	15.25	27.13	10.90	3.26	2.43	17.67	79.24
湖北	34.70	16.01	29.30	11.22	3.74	2.87	23.87	92.76
湖南	40.24	16.44	29.06	13.17	4.36	4.04	29.17	101.52
广东	35.90	16.52	32.17	14.44	3.97	2.57	37.37	107.97
广西	35.92	16.23	29.66	13.96	4.38	2.42	34.02	98.79
海南	37.17	18.81	43.53	14.41	3.88	3.35	35.08	121.65
重庆	29.99	16.25	28.66	13.71	3.72	3.15	26.28	94.01
四川	31.46	17.60	30.97	14.64	4.30	4.45	33.02	90.34
贵州	28.46	17.81	32.99	14.18	3.99	4.18	31.15	93.16
云南	29.87	17.10	33.48	12.05	4.69	4.50	26.60	91.45
陕西	42.07	14.80	27.75	11.94	3.89	3.15	22.76	80.96
甘肃	37.20	16.31	28.81	12.60	4.05	4.16	25.28	76.66
青海	45.17	19.06	31.85	13.57	3.85	4.55	32.89	76.88
宁夏	38.34	16.14	26.98	11.94	3.46	4.34	27.44	77.63
新疆	25.64	14.94	26.20	11.61	4.21	4.29	24.18	72.78

5-1　续表

单位：元/千克、元/只

地　区	生鲜乳	羊肉	玉米	豆粕	小麦麸	育肥猪配合料	肉鸡配合料	蛋鸡配合料
全国均价	**4.46**	**83.33**	**3.04**	**4.99**	**2.67**	**4.05**	**4.08**	**3.78**
北　京	4.20	74.32	2.97	5.22	2.51	5.13	3.82	3.34
天　津	4.01	80.88	2.95	4.78	2.57	3.98	4.29	3.62
河　北	3.94	74.52	2.91	4.84	2.54	3.71	4.27	3.53
山　西	4.26	75.25	2.90	4.93	2.64	3.97	3.84	3.56
内蒙古	3.88	72.17	2.87	4.87	2.73	4.57	4.33	4.02
辽　宁	4.24	81.27	2.88	4.78	2.59	3.75	4.04	3.55
吉　林	4.17	76.30	2.79	5.16	2.65	4.05	4.01	3.70
黑龙江	4.05	78.85	2.70	4.72	2.31	3.80	3.83	3.47
上　海	4.91	98.00	3.12	4.73	2.41	3.60	3.78	3.56
江　苏	4.29	82.72	3.06	4.76	2.62	3.65	4.01	3.63
浙　江	4.77	89.66	3.18	4.86	2.73	3.89	4.11	3.99
安　徽	4.52	77.90	3.00	4.89	2.70	3.77	4.12	3.75
福　建	4.55	94.39	3.13	4.82	2.88	3.95	4.12	3.79
江　西		81.42	3.16	4.71	2.71	3.89	3.85	3.82
山　东	4.06	86.28	2.94	4.81	2.56	3.87	4.37	3.55
河　南	4.16	75.73	2.95	4.89	2.52	3.75	3.90	3.52
湖　北	4.37	85.74	3.10	4.95	2.67	3.91	3.79	3.61
湖　南		93.35	3.12	4.96	2.70	3.95	3.86	3.65
广　东	5.71	96.99	3.14	4.79	2.76	3.88	4.10	4.02
广　西	5.75	93.41	3.26	5.08	2.88	3.99	3.98	3.93
海　南		120.00	3.22	5.27	2.89	3.84	3.84	3.62
重　庆	5.47	81.40	3.12	5.01	2.69	4.07	4.03	3.71
四　川	4.84	88.18	3.29	5.27	2.82	4.45	4.29	4.17
贵　州	4.42	96.25	3.22	5.25	2.86	4.34	4.22	4.06
云　南	4.36	98.75	3.23	5.17	2.88	4.44	4.50	4.23
陕　西	3.92	80.17	2.96	5.01	2.55	3.98	3.98	3.63
甘　肃	4.63	66.59	2.96	5.24	2.61	4.58	4.38	4.09
青　海	4.28	69.69	3.14	5.39	2.68	4.13	4.41	4.19
宁　夏	4.03	62.79	3.00	5.19	2.55	4.53	4.36	4.10
新　疆	4.53	66.82	2.86	5.22	2.74	4.01	3.93	3.87

5-2 各地区 2023 年 2 月畜产品及饲料集市价格

单位：元/千克，元/只

地区	仔猪	生猪	猪肉	鸡蛋	商品代蛋雏鸡	商品代肉雏鸡	鸡肉	牛肉
全国均价	**34.06**	**15.18**	**27.11**	**11.76**	**3.87**	**3.65**	**24.64**	**87.86**
北京		15.41	24.29	10.60	3.60		19.46	74.93
天津	38.25	15.19	28.13	10.09	3.43	4.28	16.28	77.13
河北	32.92	14.84	24.43	9.69	3.32	3.63	17.49	73.67
山西	34.70	15.12	24.75	10.36	3.59	4.08	17.63	76.96
内蒙古	40.96	16.38	25.94	11.01	4.25	4.17	20.11	77.75
辽宁	36.79	14.76	23.22	9.83	3.61	4.47	18.59	79.80
吉林	35.28	14.47	22.60	10.59	3.76	3.79	17.94	78.53
黑龙江	31.63	14.51	21.30	9.90	3.65	3.38	17.20	79.73
上海	20.75	15.24	33.36	11.54			29.28	104.25
江苏	27.62	14.99	27.89	10.87	3.19	3.62	22.37	93.08
浙江	28.31	15.65	30.79	12.25	4.08	2.82	23.77	101.77
安徽	36.04	15.38	26.50	11.96	4.12	2.25	23.20	84.44
福建	41.67	15.89	29.11	11.99	4.58	2.42	30.70	102.41
江西	38.23	15.20	27.27	13.53	4.50	3.62	26.36	104.62
山东	34.52	14.93	27.03	9.81	3.37	3.72	19.17	81.31
河南	33.26	14.59	24.63	9.98	3.36	2.91	17.58	78.71
湖北	33.70	14.76	27.13	10.72	3.80	2.98	23.69	91.71
湖南	40.13	15.34	26.67	12.87	4.36	4.11	29.09	99.66
广东	33.53	15.80	30.50	14.28	3.96	2.57	37.24	108.07
广西	33.44	14.72	26.32	13.69	4.07	2.38	33.24	98.37
海南	36.69	16.33	41.48	14.05	3.86	3.45	34.35	120.83
重庆	29.25	15.01	25.52	13.22	3.82	3.41	26.03	93.68
四川	31.38	15.43	27.25	14.46	4.30	4.53	31.90	89.92
贵州	26.57	15.89	28.92	13.67	4.03	4.19	30.41	92.31
云南	28.96	15.24	30.47	11.80	4.52	4.38	26.21	91.11
陕西	42.47	14.32	25.10	11.35	3.95	4.07	22.45	80.62
甘肃	34.14	14.05	24.35	12.18	3.97	4.01	24.84	76.24
青海	44.59	17.12	28.97	13.36	3.55	4.35	32.08	76.20
宁夏	36.82	14.71	24.79	11.81	3.56	4.27	26.08	75.67
新疆	25.28	14.02	24.59	11.25	4.18	4.32	24.43	72.31

5-2 续表

单位：元/千克、元/只

地区	生鲜乳	羊肉	玉米	豆粕	小麦麸	育肥猪配合料	肉鸡配合料	蛋鸡配合料
全国均价	**4.42**	**82.39**	**3.02**	**4.92**	**2.68**	**4.01**	**4.07**	**3.77**
北京	4.17	73.98	2.96	5.10	2.49	4.53	3.84	3.34
天津	4.01	80.27	2.93	4.75	2.61	3.92	4.27	3.64
河北	3.93	74.56	2.88	4.77	2.55	3.71	4.24	3.51
山西	4.15	74.63	2.88	4.87	2.64	3.95	3.85	3.54
内蒙古	3.77	71.90	2.86	4.82	2.75	4.59	4.34	4.03
辽宁	4.17	81.52	2.85	4.73	2.61	3.71	4.00	3.52
吉林	4.16	75.43	2.77	5.12	2.66	4.04	3.99	3.69
黑龙江	4.02	78.65	2.69	4.68	2.32	3.78	3.83	3.46
上海	4.90	92.83	3.10	4.72	2.45	3.56	3.76	3.59
江苏	4.22	80.53	3.04	4.73	2.66	3.65	3.99	3.62
浙江	4.76	89.19	3.17	4.81	2.74	3.88	4.09	3.98
安徽	4.51	77.29	2.98	4.82	2.73	3.75	4.11	3.73
福建	4.66	94.07	3.11	4.75	2.85	3.94	4.10	3.81
江西		80.60	3.17	4.69	2.75	3.90	3.85	3.82
山东	4.04	85.80	2.91	4.75	2.58	3.84	4.37	3.52
河南	4.10	75.61	2.94	4.83	2.52	3.74	3.89	3.51
湖北	4.37	84.28	3.09	4.87	2.67	3.87	3.75	3.57
湖南		92.04	3.12	4.90	2.70	3.96	3.83	3.63
广东	5.68	95.13	3.12	4.70	2.78	3.85	4.07	4.00
广西	5.60	92.47	3.25	5.03	2.88	3.99	3.99	3.94
海南		116.63	3.23	5.19	2.95	3.86	3.83	3.67
重庆	5.45	81.48	3.13	4.96	2.69	4.07	4.03	3.70
四川	4.85	85.77	3.28	5.18	2.83	4.39	4.24	4.13
贵州	4.45	94.50	3.20	5.18	2.86	4.31	4.19	4.03
云南	4.34	98.57	3.23	5.07	2.90	4.44	4.49	4.21
陕西	3.88	79.97	2.95	4.92	2.58	3.97	3.97	3.62
甘肃	4.48	65.55	2.93	5.14	2.62	4.55	4.35	4.09
青海	4.16	69.85	3.15	5.30	2.67	4.15	4.40	4.19
宁夏	3.98	61.50	2.99	5.10	2.52	4.55	4.30	4.05
新疆	4.45	66.90	2.84	5.13	2.78	3.98	3.94	3.87

5-3 各地区2023年3月畜产品及饲料集市价格

单位：元/千克、元/只

地区	仔猪	生猪	猪肉	鸡蛋	商品代蛋雏鸡	商品代肉雏鸡	鸡肉	牛肉
全国均价	**37.72**	**15.60**	**26.44**	**11.65**	**3.94**	**4.08**	**24.36**	**87.02**
北京		15.65	23.39	10.61	3.68		18.81	74.44
天津	37.80	15.77	28.56	10.38	3.56	5.72	16.38	76.92
河北	37.45	15.41	23.92	10.02	3.48	5.05	17.97	73.58
山西	39.92	15.42	24.47	10.49	3.74	4.39	17.63	76.30
内蒙古	43.96	15.69	24.33	10.78	4.13	4.08	19.86	77.48
辽宁	42.48	15.34	23.25	10.08	3.68	5.72	18.81	79.48
吉林	41.46	15.16	23.30	10.43	3.75	4.83	18.16	78.12
黑龙江	34.71	15.19	21.53	9.88	3.77	3.73	17.14	79.64
上海	22.64	15.99	31.25	11.33			29.24	103.07
江苏	32.02	15.89	27.60	11.12	3.37	4.84	22.28	92.82
浙江	30.89	16.38	29.82	12.26	4.06	3.31	23.64	100.99
安徽	42.18	16.16	26.35	11.65	4.19	2.39	23.33	84.32
福建	45.04	16.44	28.29	11.85	4.77	2.63	30.55	101.21
江西	42.21	15.87	26.67	13.31	4.46	3.63	25.82	103.06
山东	41.04	15.62	26.81	10.20	3.49	5.07	19.44	81.18
河南	37.92	15.35	25.06	9.96	3.45	3.58	17.51	78.27
湖北	38.04	15.33	26.82	10.70	3.99	3.16	23.53	90.13
湖南	45.25	15.87	26.08	12.63	4.26	4.14	28.38	96.70
广东	38.22	16.16	29.91	14.32	3.95	2.76	36.78	107.47
广西	34.51	15.44	25.23	13.63	4.09	2.65	33.06	96.63
海南	36.87	15.19	39.62	13.71	3.87	3.46	34.35	119.44
重庆	30.75	15.46	24.09	12.44	3.82	3.47	24.44	91.92
四川	34.73	15.81	26.05	14.15	4.28	4.62	31.14	89.18
贵州	28.39	16.08	27.53	13.08	4.28	4.33	29.28	90.53
云南	31.96	15.44	29.39	11.63	4.48	4.37	25.82	90.65
陕西	52.15	15.01	25.05	10.97	4.18	5.20	21.87	80.07
甘肃	36.80	14.58	23.91	11.84	4.04	3.96	24.41	75.20
青海	43.12	16.68	25.94	13.06	3.50	4.46	31.56	75.89
宁夏	39.79	15.14	24.38	11.68	3.77	4.51	25.19	74.17
新疆	31.41	14.52	24.48	11.25	4.25	4.15	24.48	71.61

5-3 续表

单位：元/千克、元/只

地区	生鲜乳	羊肉	玉米	豆粕	小麦麸	育肥猪配合料	肉鸡配合料	蛋鸡配合料
全国均价	**4.39**	**81.62**	**2.99**	**4.60**	**2.62**	**3.93**	**4.01**	**3.71**
北京	4.11	74.24	2.86	4.89	2.45	3.49	3.83	3.31
天津	3.99	80.47	2.88	4.34	2.52	3.81	4.10	3.56
河北	3.84	74.94	2.83	4.37	2.48	3.66	4.19	3.42
山西	4.04	73.63	2.82	4.45	2.58	3.88	3.91	3.47
内蒙古	3.79	71.84	2.80	4.57	2.71	4.53	4.31	3.98
辽宁	4.16	81.58	2.79	4.29	2.54	3.64	3.91	3.46
吉林	4.15	75.82	2.77	4.98	2.62	4.03	3.97	3.67
黑龙江	4.00	78.64	2.67	4.54	2.31	3.76	3.81	3.44
上海	4.88	91.07	3.06	4.37	2.37	3.50	3.71	3.56
江苏	4.10	78.39	3.01	4.39	2.59	3.68	3.96	3.58
浙江	4.72	87.39	3.11	4.47	2.61	3.84	4.02	3.90
安徽	4.46	76.13	2.94	4.41	2.55	3.62	3.99	3.61
福建	4.70	91.73	3.05	4.31	2.64	3.82	3.97	3.70
江西		79.70	3.13	4.47	2.70	3.81	3.78	3.73
山东	3.94	85.53	2.87	4.36	2.46	3.79	4.28	3.46
河南	4.01	75.57	2.92	4.46	2.48	3.71	3.84	3.48
湖北	4.37	82.70	3.05	4.55	2.60	3.83	3.69	3.51
湖南		89.53	3.10	4.58	2.63	3.92	3.79	3.60
广东	5.63	92.83	3.09	4.42	2.72	3.79	4.03	3.97
广西	5.56	90.67	3.22	4.90	2.86	3.97	3.98	3.91
海南		115.68	3.17	4.88	2.87	3.80	3.80	3.63
重庆	5.50	79.15	3.12	4.63	2.66	4.05	4.02	3.67
四川	4.84	84.89	3.25	4.91	2.82	4.38	4.22	4.10
贵州	4.45	93.84	3.18	4.82	2.84	4.27	4.15	3.99
云南	4.36	98.46	3.21	4.78	2.87	4.43	4.44	4.17
陕西	3.81	79.07	2.95	4.58	2.55	3.96	3.95	3.60
甘肃	4.39	65.56	2.92	4.87	2.60	4.33	4.24	3.96
青海	4.33	70.13	3.12	4.88	2.66	4.20	4.34	4.10
宁夏	3.84	61.77	2.90	4.58	2.55	4.49	4.20	3.95
新疆	4.41	67.61	2.81	4.96	2.80	3.95	3.92	3.82

5－4 各地区 2023 年 4 月畜产品及饲料集市价格

单位：元/千克、元/只

地　区	仔猪	生猪	猪肉	鸡蛋	商品代蛋雏鸡	商品代肉雏鸡	鸡肉	牛肉
全国均价	**36.89**	**14.67**	**24.82**	**11.59**	**3.93**	**4.03**	**24.16**	**86.45**
北　京		14.70	21.80	10.74	3.70		18.94	74.58
天　津	35.31	14.59	26.78	10.50	3.49	5.76	16.26	77.01
河　北	38.59	14.42	22.11	10.12	3.53	5.71	18.07	73.35
山　西	40.36	14.21	22.98	10.68	3.78	4.29	17.55	75.74
内蒙古	41.81	14.67	22.16	11.01	4.10	4.03	19.40	77.02
辽　宁	42.35	14.35	21.65	10.14	3.60	5.46	18.95	78.66
吉　林	39.39	14.15	21.34	10.39	3.72	5.03	18.03	78.43
黑龙江	35.00	13.98	19.97	10.10	3.82	3.88	16.86	79.62
上　海	22.68	15.10	29.57	10.97			28.57	102.59
江　苏	29.40	14.68	25.91	10.96	3.38	4.45	21.80	91.47
浙　江	29.46	15.32	27.92	12.35	4.08	3.33	23.60	100.55
安　徽	41.28	15.07	25.08	11.66	4.17	2.38	23.66	85.10
福　建	41.75	15.38	26.36	11.70	4.73	2.47	30.63	100.78
江　西	39.96	14.85	24.69	13.12	4.24	3.49	25.61	102.02
山　东	40.55	14.69	25.21	10.22	3.50	4.66	19.23	80.91
河　南	36.95	14.38	23.47	10.06	3.49	3.69	17.36	77.58
湖　北	37.95	14.47	25.07	10.50	3.95	3.13	23.16	88.57
湖　南	45.60	14.99	24.56	12.49	4.20	4.17	28.25	96.05
广　东	37.69	15.44	28.66	14.13	3.89	2.77	36.73	106.39
广　西	34.14	14.86	23.76	13.52	4.02	2.81	32.93	96.23
海　南	34.68	14.11	37.79	13.42	3.88	3.49	34.36	118.85
重　庆	30.35	14.68	22.65	11.98	3.69	3.25	23.97	90.14
四　川	34.28	14.81	24.19	13.97	4.38	4.56	30.46	88.68
贵　州	28.01	15.21	26.34	12.84	4.31	4.18	28.89	89.86
云　南	31.49	14.79	27.81	11.43	4.36	4.18	25.40	90.45
陕　西	50.29	14.13	23.61	11.21	4.14	5.03	21.66	79.68
甘　肃	38.29	14.23	23.27	11.68	4.06	3.86	24.41	74.52
青　海	42.37	15.73	24.49	12.96	3.51	4.54	30.97	74.67
宁　夏	36.64	14.08	22.37	11.51	3.85	4.35	24.90	73.00
新　疆	33.19	13.93	22.93	11.40	4.31	3.92	24.06	70.79

5-4 续表

单位：元/千克、元/只

地 区	生鲜乳	羊肉	玉米	豆粕	小麦麸	育肥猪配合料	肉鸡配合料	蛋鸡配合料
全国均价	**4.34**	**81.10**	**2.94**	**4.42**	**2.50**	**3.87**	**3.96**	**3.65**
北 京	3.94	74.03	2.76	4.44	2.32	3.44	3.77	3.22
天 津	3.97	80.67	2.81	4.23	2.39	3.61	3.98	3.45
河 北	3.77	74.98	2.79	4.30	2.29	3.64	4.16	3.37
山 西	4.00	73.34	2.77	4.32	2.46	3.81	3.87	3.38
内蒙古	3.82	71.34	2.75	4.42	2.59	4.44	4.24	3.91
辽 宁	4.05	80.71	2.75	4.33	2.42	3.61	3.90	3.42
吉 林	4.10	75.90	2.73	4.77	2.57	3.98	3.93	3.63
黑龙江	3.96	78.67	2.64	4.47	2.28	3.75	3.80	3.43
上 海	4.83	89.50	2.98	4.13	2.23	3.45	3.68	3.52
江 苏	4.10	77.53	2.95	4.27	2.36	3.66	3.91	3.54
浙 江	4.71	87.16	3.08	4.38	2.53	3.77	3.95	3.83
安 徽	4.41	74.61	2.93	4.28	2.32	3.48	3.89	3.49
福 建	4.60	91.16	2.99	4.18	2.46	3.76	3.90	3.63
江 西		80.36	3.07	4.32	2.60	3.75	3.70	3.66
山 东	3.87	85.46	2.83	4.23	2.27	3.73	4.17	3.41
河 南	3.97	75.17	2.88	4.31	2.34	3.68	3.79	3.47
湖 北	4.37	81.40	3.01	4.31	2.51	3.76	3.61	3.45
湖 南		88.36	3.07	4.38	2.53	3.89	3.73	3.55
广 东	5.62	92.23	3.01	4.19	2.53	3.69	3.98	3.90
广 西	5.55	90.45	3.17	4.69	2.77	3.94	3.97	3.88
海 南		116.80	3.07	4.50	2.78	3.76	3.75	3.63
重 庆	5.29	76.64	3.09	4.40	2.51	3.99	3.99	3.63
四 川	4.82	83.90	3.23	4.61	2.70	4.32	4.16	4.04
贵 州	4.48	93.54	3.14	4.60	2.73	4.22	4.10	3.94
云 南	4.34	97.78	3.20	4.57	2.77	4.36	4.31	4.09
陕 西	3.73	78.53	2.92	4.43	2.41	3.91	3.90	3.56
甘 肃	4.39	65.26	2.94	4.75	2.53	4.16	4.13	3.84
青 海	4.28	68.67	3.13	4.70	2.58	4.23	4.34	4.08
宁 夏	3.75	61.42	2.92	4.29	2.43	4.31	4.16	3.90
新 疆	4.36	67.50	2.78	4.83	2.77	3.91	3.89	3.75

5－5 各地区 2023 年 5 月畜产品及饲料集市价格

单位：元/千克、元/只

地区	仔猪	生猪	猪肉	鸡蛋	商品代蛋雏鸡	商品代肉雏鸡	鸡肉	牛肉
全国均价	**36.55**	**14.56**	**24.32**	**11.38**	**3.86**	**3.49**	**23.97**	**85.77**
北京		14.64	21.52	10.57	3.70		18.76	73.96
天津	34.38	14.73	26.72	10.15	3.39	3.85	16.48	77.32
河北	40.39	14.45	21.82	9.80	3.34	3.92	17.87	72.02
山西	40.04	14.20	22.81	10.38	3.78	4.07	17.52	74.18
内蒙古	41.09	14.56	21.95	10.86	4.10	4.07	19.15	76.81
辽宁	42.15	14.21	20.92	9.85	3.53	3.38	18.60	76.63
吉林	39.95	14.04	20.58	10.31	3.69	3.61	18.00	77.20
黑龙江	35.15	13.89	19.43	10.17	3.78	3.69	16.81	78.97
上海	23.10	14.95	29.29	10.79			29.17	104.17
江苏	29.72	14.65	25.79	10.50	3.25	2.38	21.60	90.67
浙江	29.02	14.96	27.43	12.09	4.07	2.89	23.41	100.39
安徽	40.26	14.96	24.49	11.23	4.11	2.38	23.62	84.33
福建	39.80	15.06	25.58	11.51	4.56	2.42	30.43	99.94
江西	38.77	14.63	23.85	12.88	4.16	3.41	25.23	101.39
山东	40.86	14.59	24.61	9.69	3.41	2.70	18.93	79.93
河南	37.95	14.38	22.95	9.80	3.49	2.98	17.15	76.47
湖北	39.09	14.31	24.26	10.42	3.75	2.96	22.84	87.79
湖南	44.84	14.72	23.93	12.46	4.18	4.07	28.16	96.53
广东	37.64	15.15	27.78	13.82	3.86	2.63	35.95	106.72
广西	33.13	14.43	23.08	13.39	3.74	2.74	32.36	95.65
海南	34.33	15.24	37.14	13.19	3.86	3.49	33.80	118.70
重庆	30.66	14.44	22.34	11.56	3.73	3.19	24.01	88.72
四川	33.90	14.47	23.21	13.80	4.39	4.57	30.15	88.29
贵州	27.73	14.80	25.73	12.73	4.28	4.13	29.30	89.71
云南	30.67	14.61	27.10	11.47	4.30	4.13	25.12	89.71
陕西	48.88	14.07	23.07	11.01	4.06	3.87	21.55	78.81
甘肃	36.99	14.15	23.36	11.37	3.98	3.79	24.13	73.88
青海	41.85	15.29	24.22	12.70	3.53	4.43	30.43	73.46
宁夏	35.21	14.21	22.07	11.25	3.78	4.28	24.70	71.21
新疆	32.42	14.04	22.48	11.55	4.28	3.83	23.94	69.71

5-5　续表

单位：元/千克、元/只

地　区	生鲜乳	羊肉	玉米	豆粕	小麦麸	育肥猪配合料	肉鸡配合料	蛋鸡配合料
全国均价	**4.28**	**80.58**	**2.93**	**4.53**	**2.50**	**3.87**	**3.96**	**3.66**
北　京	4.00	74.07	2.74	4.61	2.30	3.49	3.73	3.26
天　津	3.93	80.59	2.77	4.32	2.32	3.49	4.04	3.43
河　北	3.70	74.01	2.77	4.46	2.32	3.65	4.17	3.38
山　西	3.95	73.25	2.77	4.51	2.45	3.79	3.87	3.37
内蒙古	3.78	71.33	2.77	4.57	2.54	4.47	4.19	3.88
辽　宁	4.00	79.73	2.71	4.48	2.42	3.65	3.92	3.43
吉　林	4.07	75.28	2.73	4.77	2.55	3.98	3.91	3.64
黑龙江	3.87	78.33	2.63	4.53	2.28	3.74	3.80	3.45
上　海	4.75	90.25	2.95	4.29	2.28	3.45	3.67	3.52
江　苏	4.10	77.31	2.96	4.42	2.39	3.70	3.96	3.59
浙　江	4.72	86.97	3.05	4.43	2.55	3.77	3.92	3.81
安　徽	4.35	72.92	2.93	4.45	2.37	3.51	3.93	3.51
福　建	4.49	90.58	2.97	4.32	2.54	3.78	3.96	3.69
江　西		79.97	3.05	4.36	2.58	3.72	3.69	3.66
山　东	3.83	84.77	2.80	4.38	2.30	3.76	4.18	3.42
河　南	3.94	74.67	2.88	4.46	2.33	3.67	3.79	3.47
湖　北	4.22	80.58	3.00	4.48	2.50	3.77	3.64	3.47
湖　南		88.43	3.06	4.46	2.51	3.89	3.73	3.55
广　东	5.51	92.77	3.00	4.32	2.48	3.73	3.97	3.86
广　西	5.49	89.30	3.12	4.63	2.76	3.95	3.96	3.89
海　南		116.00	3.03	4.52	2.73	3.76	3.78	3.67
重　庆	5.41	75.09	3.10	4.49	2.55	4.00	4.04	3.68
四　川	4.77	83.03	3.22	4.64	2.70	4.28	4.16	4.02
贵　州	4.48	92.97	3.15	4.65	2.75	4.21	4.08	3.92
云　南	4.33	96.91	3.22	4.64	2.76	4.32	4.30	4.09
陕　西	3.59	77.94	2.93	4.59	2.41	3.91	3.90	3.55
甘　肃	4.28	65.13	2.97	4.84	2.59	4.11	4.08	3.80
青　海	4.05	67.50	3.13	4.66	2.59	4.19	4.34	4.04
宁　夏	3.73	60.54	2.89	4.59	2.45	4.32	4.17	3.96
新　疆	4.40	67.21	2.77	4.90	2.77	3.93	3.86	3.72

5-6 各地区 2023 年 6 月畜产品及饲料集市价格

单位：元/千克、元/只

地 区	仔猪	生猪	猪肉	鸡蛋	商品代蛋雏鸡	商品代肉雏鸡	鸡肉	牛肉
全国均价	**34.97**	**14.39**	**23.75**	**11.05**	**3.77**	**3.34**	**23.76**	**83.75**
北 京		14.33	21.52	10.18	3.70		18.58	73.84
天 津	33.95	14.58	26.87	9.60	3.17	3.22	16.47	76.33
河 北	37.93	14.25	21.35	9.18	3.14	3.31	17.43	67.64
山 西	37.66	14.00	22.46	9.72	3.56	4.03	17.30	72.59
内蒙古	38.70	14.26	21.44	10.45	4.09	4.05	18.85	73.91
辽 宁	37.84	14.08	20.46	9.35	3.38	2.99	18.27	71.85
吉 林	39.00	13.99	20.10	10.05	3.61	3.20	17.87	73.93
黑龙江	36.30	13.94	19.14	10.24	3.70	3.57	16.85	76.47
上 海	23.23	14.65	28.95	10.70			29.37	103.43
江 苏	28.13	14.51	25.38	10.08	3.14	2.30	21.58	88.40
浙 江	27.54	15.00	26.84	11.74	4.05	2.83	23.23	99.48
安 徽	37.28	14.75	23.73	10.64	3.95	2.21	23.35	81.55
福 建	38.72	15.08	25.27	11.18	4.49	2.42	30.94	99.44
江 西	36.86	14.50	23.34	12.67	4.36	3.53	25.18	100.60
山 东	38.57	14.42	23.92	9.14	3.12	2.41	18.47	76.57
河 南	36.22	14.12	21.94	9.29	3.35	2.60	16.76	74.48
湖 北	37.89	14.14	23.33	9.92	3.66	2.90	22.54	86.49
湖 南	42.76	14.52	23.47	12.39	4.14	4.04	27.60	96.08
广 东	37.50	15.18	26.55	13.24	3.89	2.59	34.82	105.63
广 西	31.81	14.29	22.60	13.08	3.67	2.62	32.18	94.70
海 南	33.34	15.81	35.82	12.92	3.86	3.42	34.04	116.36
重 庆	29.15	14.03	21.20	11.17	3.77	3.21	23.89	86.55
四 川	32.53	14.13	22.30	13.59	4.38	4.58	29.75	87.68
贵 州	26.87	14.54	25.23	12.52	4.13	4.11	29.21	88.47
云 南	29.88	14.55	26.48	11.59	4.27	4.12	25.07	89.13
陕 西	44.65	13.81	22.52	10.58	3.75	3.37	21.08	76.61
甘 肃	36.10	14.04	22.82	11.06	3.76	3.48	24.05	71.01
青 海	41.23	14.95	23.98	12.47	3.43	4.22	29.83	71.47
宁 夏	32.92	13.77	21.69	11.06	3.60	4.38	24.75	66.32
新 疆	29.39	13.69	21.88	11.59	4.17	3.81	23.57	65.36

5-6　续表

单位：元/千克、元/只

地　区	生鲜乳	羊肉	玉米	豆粕	小麦麸	育肥猪配合料	肉鸡配合料	蛋鸡配合料
全国均价	**4.24**	**79.41**	**2.92**	**4.32**	**2.48**	**3.84**	**3.93**	**3.63**
北　京	3.95	74.00	2.74	4.51	2.40	3.52	3.70	3.39
天　津	3.86	79.70	2.77	3.92	2.34	3.55	4.04	3.40
河　北	3.66	71.28	2.78	4.12	2.28	3.63	4.15	3.35
山　西	3.95	70.73	2.76	4.21	2.46	3.75	3.86	3.33
内蒙古	3.69	70.49	2.76	4.38	2.43	4.46	4.14	3.85
辽　宁	4.03	76.68	2.70	4.04	2.39	3.62	3.90	3.40
吉　林	4.05	73.80	2.71	4.61	2.51	3.96	3.89	3.63
黑龙江	3.73	76.47	2.60	4.35	2.24	3.70	3.77	3.45
上　海	4.78	92.40	2.93	4.02	2.26	3.41	3.63	3.50
江　苏	3.99	75.99	2.93	4.16	2.38	3.67	3.94	3.56
浙　江	4.66	85.84	3.05	4.27	2.54	3.74	3.89	3.79
安　徽	4.23	70.84	2.89	4.13	2.31	3.43	3.84	3.41
福　建	4.40	89.80	2.95	4.11	2.52	3.72	3.92	3.62
江　西		78.91	3.01	4.20	2.56	3.67	3.64	3.62
山　东	3.78	82.44	2.81	4.05	2.28	3.72	4.11	3.35
河　南	3.86	73.30	2.86	4.18	2.29	3.61	3.74	3.42
湖　北	4.29	79.96	2.97	4.30	2.46	3.74	3.65	3.45
湖　南		88.25	3.07	4.32	2.48	3.88	3.72	3.54
广　东	5.41	93.32	3.00	4.20	2.43	3.76	3.94	3.82
广　西	5.39	88.67	3.09	4.46	2.71	3.92	3.94	3.87
海　南		113.04	3.03	4.31	2.69	3.76	3.78	3.66
重　庆	5.53	73.32	3.06	4.27	2.52	3.97	3.99	3.64
四　川	4.75	82.70	3.20	4.55	2.69	4.25	4.13	3.99
贵　州	4.44	91.62	3.12	4.50	2.71	4.19	4.03	3.88
云　南	4.30	96.34	3.22	4.52	2.76	4.35	4.31	4.11
陕　西	3.52	77.11	2.93	4.33	2.40	3.90	3.90	3.53
甘　肃	4.22	63.93	2.94	4.61	2.57	4.03	3.99	3.75
青　海	3.92	65.84	3.09	4.70	2.58	4.17	4.35	4.03
宁　夏	3.62	59.78	2.89	4.27	2.41	4.28	4.16	3.91
新　疆	4.35	65.76	2.75	4.79	2.69	3.93	3.83	3.70

5-7 各地区 2023 年 7 月畜产品及饲料集市价格

单位：元/千克、元/只

地区	仔猪	生猪	猪肉	鸡蛋	商品代蛋雏鸡	商品代肉雏鸡	鸡肉	牛肉
全国均价	**31.88**	**14.35**	**23.38**	**10.76**	**3.66**	**3.24**	**23.57**	**81.42**
北京		14.08	21.34	9.91	3.40		18.75	74.77
天津	33.75	14.38	26.55	9.31	3.24	2.92	16.36	71.40
河北	32.67	14.17	20.94	8.96	2.99	3.16	17.23	63.06
山西	33.33	13.78	21.89	9.28	3.39	3.98	17.00	70.20
内蒙古	34.57	14.04	21.11	10.01	4.06	4.04	18.51	69.60
辽宁	33.34	14.28	20.00	8.97	3.08	2.84	18.10	67.47
吉林	34.69	13.87	19.95	9.40	3.40	2.67	17.69	71.15
黑龙江	33.39	13.70	18.67	9.35	3.62	3.47	16.70	72.50
上海	23.22	14.69	28.23	10.45			29.42	102.70
江苏	25.98	14.21	24.61	9.98	3.02	2.12	21.44	85.22
浙江	28.86	15.19	26.72	11.50	4.01	2.90	23.26	98.58
安徽	32.21	14.59	23.25	10.29	3.68	2.05	23.03	80.03
福建	34.83	15.56	24.91	10.95	4.41	2.40	30.32	97.44
江西	33.41	14.57	23.06	12.44	4.20	3.34	24.62	97.86
山东	34.13	14.44	23.80	9.08	3.04	2.20	18.22	72.39
河南	32.45	14.10	21.39	8.97	3.22	2.41	16.74	71.46
湖北	33.16	14.08	22.48	9.84	3.54	2.88	22.22	85.08
湖南	39.02	14.56	23.10	12.40	4.12	4.09	27.27	94.85
广东	35.53	15.56	26.18	13.11	3.84	2.66	34.64	104.84
广西	30.67	14.54	22.63	12.97	3.70	2.52	32.30	93.41
海南	31.90	15.70	35.78	12.48	3.87	3.41	33.75	114.55
重庆	27.34	13.89	20.68	10.99	3.73	3.25	24.04	84.74
四川	29.29	14.00	21.94	13.20	4.37	4.63	29.13	86.37
贵州	24.95	14.39	25.13	12.07	4.03	4.19	29.07	86.52
云南	28.81	14.48	25.92	11.58	4.16	4.01	25.20	87.55
陕西	36.72	13.70	22.42	10.11	3.50	2.93	20.73	74.25
甘肃	32.81	13.86	22.29	10.58	3.62	3.30	23.84	68.75
青海	40.15	14.90	23.73	12.21	3.41	4.16	29.36	68.59
宁夏	30.16	13.73	21.47	10.72	3.27	4.29	24.56	63.21
新疆	23.30	13.43	21.34	11.58	4.12	3.88	23.49	63.92

5-7　续表

单位：元/千克、元/只

地　区	生鲜乳	羊肉	玉米	豆粕	小麦麸	育肥猪配合料	肉鸡配合料	蛋鸡配合料
全国均价	**4.18**	**77.94**	**2.98**	**4.42**	**2.44**	**3.86**	**3.94**	**3.64**
北　京	3.64	74.86	2.84	4.34	2.20	3.71	3.70	3.42
天　津	3.75	76.76	2.89	4.20	2.29	3.56	4.06	3.36
河　北	3.63	68.10	2.89	4.30	2.24	3.66	4.17	3.38
山　西	3.92	68.23	2.81	4.35	2.47	3.80	3.87	3.36
内蒙古	3.61	67.99	2.81	4.44	2.42	4.50	4.16	3.87
辽　宁	3.93	74.85	2.82	4.33	2.37	3.68	3.94	3.46
吉　林	4.00	72.85	2.73	4.60	2.47	3.96	3.91	3.62
黑龙江	3.62	74.03	2.63	4.41	2.20	3.70	3.77	3.46
上　海	4.81	91.79	2.97	4.23	2.25	3.42	3.65	3.53
江　苏	3.92	74.72	2.99	4.30	2.31	3.72	4.00	3.63
浙　江	4.60	84.95	3.10	4.40	2.52	3.78	3.88	3.79
安　徽	4.14	70.03	2.99	4.33	2.24	3.48	3.87	3.47
福　建	4.55	89.23	3.03	4.35	2.45	3.73	3.94	3.66
江　西		78.28	3.07	4.27	2.54	3.69	3.66	3.63
山　东	3.76	79.97	2.90	4.30	2.26	3.78	4.15	3.40
河　南	3.79	71.09	2.91	4.32	2.25	3.61	3.75	3.42
湖　北	4.35	78.71	3.04	4.40	2.43	3.75	3.70	3.50
湖　南		88.10	3.06	4.42	2.45	3.88	3.69	3.54
广　东	5.40	93.60	3.10	4.35	2.47	3.79	3.97	3.83
广　西	5.33	88.25	3.16	4.53	2.72	3.94	3.95	3.88
海　南		109.90	3.19	4.47	2.70	3.82	3.86	3.71
重　庆	5.57	70.75	3.10	4.40	2.44	3.95	3.96	3.63
四　川	4.68	81.57	3.18	4.58	2.63	4.19	4.12	3.94
贵　州	4.39	89.74	3.18	4.60	2.66	4.22	4.04	3.88
云　南	4.19	95.32	3.23	4.57	2.73	4.44	4.31	4.14
陕　西	3.52	75.81	2.97	4.49	2.36	3.89	3.90	3.54
甘　肃	4.10	62.69	2.97	4.67	2.58	3.99	3.97	3.76
青　海	3.88	63.79	3.08	4.66	2.53	4.15	4.36	4.01
宁　夏	3.60	57.77	2.93	4.35	2.42	4.30	4.15	3.87
新　疆	4.22	64.42	2.76	4.69	2.61	3.82	3.77	3.62

5-8 各地区2023年8月畜产品及饲料集市价格

单位：元/千克、元/只

地区	仔猪	生猪	猪肉	鸡蛋	商品代蛋雏鸡	商品代肉雏鸡	鸡肉	牛肉
全国均价	**32.85**	**17.02**	**26.66**	**11.81**	**3.75**	**3.48**	**24.01**	**81.88**
北京		16.83	22.82	10.78	3.43		18.80	76.41
天津	34.40	17.34	29.25	11.00	3.37	3.57	16.13	70.48
河北	33.86	17.17	25.47	10.71	3.13	3.65	17.82	65.12
山西	35.09	16.48	25.54	10.89	3.52	4.08	17.61	71.23
内蒙古	36.12	16.56	24.97	11.02	4.11	4.07	18.68	71.20
辽宁	35.43	17.18	24.90	10.82	3.36	3.38	18.44	69.62
吉林	35.65	16.77	24.82	10.61	3.34	3.32	17.87	72.36
黑龙江	33.87	16.65	22.29	10.64	3.72	3.52	17.04	71.23
上海	23.40	16.89	30.77	11.55			30.80	102.50
江苏	27.61	17.01	27.60	11.51	3.28	3.10	21.86	86.27
浙江	29.23	18.17	29.65	12.42	4.08	3.12	23.89	98.32
安徽	34.01	17.47	27.09	11.51	3.77	2.15	23.79	81.65
福建	35.69	18.43	27.65	12.35	4.13	2.46	30.80	96.04
江西	34.62	17.29	25.66	12.70	3.97	3.08	24.53	97.46
山东	34.24	17.30	28.12	10.95	3.20	2.96	18.81	73.47
河南	33.31	17.02	24.78	10.62	3.31	2.71	17.10	72.09
湖北	32.59	16.78	25.22	10.82	3.66	2.92	22.82	85.08
湖南	38.26	17.47	26.18	12.87	4.16	4.10	27.83	94.25
广东	36.27	18.33	29.01	13.70	4.01	2.81	34.92	104.37
广西	32.26	17.57	25.78	13.48	4.05	2.64	33.20	92.50
海南	34.84	17.30	37.68	12.84	3.89	3.43	33.40	114.92
重庆	28.59	16.67	24.43	11.95	3.96	3.50	24.76	85.74
四川	29.40	16.74	25.52	13.74	4.40	4.69	29.49	85.97
贵州	25.94	16.82	27.55	12.99	4.07	4.47	29.46	86.49
云南	29.39	16.42	28.00	12.08	4.24	4.10	25.84	87.83
陕西	37.61	16.79	26.04	11.55	3.84	3.70	21.44	74.94
甘肃	33.63	16.25	25.39	11.68	3.74	3.33	24.62	70.16
青海	40.34	16.17	26.31	12.56	3.52	4.19	29.57	68.28
宁夏	29.83	16.88	26.42	11.53	3.38	4.36	25.14	65.43
新疆	27.24	15.81	24.69	12.50	4.15	3.92	23.67	65.09

5-8　续表

单位：元/千克、元/只

地　区	生鲜乳	羊肉	玉米	豆粕	小麦麸	育肥猪配合料	肉鸡配合料	蛋鸡配合料
全国均价	**4.17**	**77.98**	**3.03**	**4.73**	**2.42**	**3.91**	**4.01**	**3.70**
北　京	3.62	74.26	2.88	4.64	2.31	3.63	4.08	3.55
天　津	3.70	75.72	2.98	4.67	2.34	3.63	4.26	3.42
河　北	3.56	68.28	2.98	4.75	2.21	3.73	4.24	3.44
山　西	3.91	68.88	2.91	4.72	2.44	3.89	3.91	3.47
内蒙古	3.63	67.99	2.84	4.66	2.42	4.59	4.19	3.90
辽　宁	3.89	75.11	2.88	4.77	2.33	3.74	4.02	3.53
吉　林	3.99	72.25	2.78	4.80	2.47	4.00	3.93	3.68
黑龙江	3.64	72.37	2.65	4.60	2.20	3.71	3.81	3.49
上　海	4.84	93.33	3.02	4.58	2.21	3.45	3.67	3.57
江　苏	3.87	75.76	3.06	4.66	2.29	3.78	4.05	3.69
浙　江	4.56	83.69	3.15	4.72	2.49	3.84	3.93	3.85
安　徽	4.15	70.65	3.04	4.77	2.21	3.56	3.96	3.57
福　建	4.77	88.98	3.09	4.78	2.36	3.83	4.00	3.77
江　西		78.96	3.11	4.50	2.57	3.74	3.69	3.65
山　东	3.77	80.43	3.01	4.74	2.23	3.86	4.26	3.50
河　南	3.75	71.22	2.97	4.68	2.24	3.65	3.80	3.48
湖　北	4.29	78.42	3.07	4.64	2.44	3.79	3.80	3.57
湖　南		88.17	3.07	4.66	2.45	3.91	3.73	3.58
广　东	5.40	94.19	3.16	4.68	2.45	3.84	4.02	3.87
广　西	5.34	88.00	3.19	4.75	2.72	3.96	3.98	3.93
海　南		109.72	3.18	4.70	2.67	3.82	3.90	3.72
重　庆	5.49	70.14	3.10	4.65	2.42	3.99	3.98	3.66
四　川	4.68	81.25	3.20	4.70	2.60	4.17	4.16	3.94
贵　州	4.47	90.07	3.20	4.82	2.60	4.28	4.09	3.94
云　南	4.12	96.61	3.25	4.79	2.65	4.49	4.37	4.19
陕　西	3.55	75.91	3.05	4.82	2.35	3.91	3.94	3.59
甘　肃	4.09	62.65	3.08	4.90	2.55	4.06	4.05	3.83
青　海	3.79	63.46	3.14	4.83	2.53	4.19	4.40	4.00
宁　夏	3.61	58.90	3.04	4.85	2.43	4.44	4.30	4.01
新　疆	4.26	64.12	2.80	4.89	2.59	3.77	3.78	3.64

5－9 各地区2023年9月畜产品及饲料集市价格

单位：元/千克、元/只

地 区	仔猪	生猪	猪肉	鸡蛋	商品代蛋雏鸡	商品代肉雏鸡	鸡肉	牛肉
全国均价	**31.40**	**16.77**	**26.88**	**12.49**	**3.79**	**3.35**	**24.26**	**82.72**
北 京		16.42	22.59	11.33	3.55		17.85	74.21
天 津	34.50	16.59	28.86	11.53	3.29	3.08	16.09	71.41
河 北	28.73	16.54	25.35	11.50	3.24	3.30	17.73	67.15
山 西	33.89	16.38	26.39	11.97	3.69	3.94	18.18	71.97
内蒙古	35.64	16.61	25.49	12.02	4.03	3.98	19.18	72.81
辽 宁	31.94	16.65	24.71	11.51	3.49	2.68	18.12	72.39
吉 林	32.48	16.46	25.95	11.65	3.21	2.80	17.84	72.80
黑龙江	31.91	16.18	22.79	11.87	3.61	3.31	17.06	71.22
上 海	23.45	17.02	31.29	12.52			31.52	102.84
江 苏	26.99	16.83	28.04	12.30	3.27	2.39	22.02	88.08
浙 江	26.07	17.82	29.66	13.06	4.06	2.94	24.16	99.26
安 徽	30.61	17.31	27.60	12.49	3.84	2.17	24.69	83.24
福 建	33.38	17.68	27.54	12.95	4.31	2.47	30.86	96.37
江 西	33.02	17.13	25.81	12.99	4.00	2.99	24.59	97.57
山 东	30.56	16.61	27.79	11.63	3.22	2.18	18.96	75.11
河 南	30.01	16.46	25.10	11.50	3.41	2.65	17.30	72.98
湖 北	31.78	16.67	25.57	11.35	3.79	2.90	23.03	85.59
湖 南	38.09	17.40	26.12	13.11	4.15	4.11	28.03	94.20
广 东	34.63	17.70	28.94	14.23	4.05	2.96	35.40	104.07
广 西	31.80	16.74	25.43	13.76	4.01	2.69	33.57	92.91
海 南	33.65	16.52	36.79	13.10	3.92	3.42	33.23	115.00
重 庆	28.83	16.86	25.48	12.77	3.91	3.59	24.88	87.53
四 川	28.75	16.96	25.99	14.07	4.34	4.67	29.67	86.16
贵 州	26.19	17.17	28.06	13.38	4.19	4.55	29.63	86.60
云 南	29.07	16.41	28.28	12.30	4.38	4.13	26.24	88.20
陕 西	34.70	16.46	26.24	12.31	3.92	3.32	21.66	76.29
甘 肃	33.09	16.53	26.43	12.56	3.90	3.45	25.25	72.43
青 海	40.54	16.56	26.90	13.15	3.60	4.50	30.63	68.30
宁 夏	29.51	16.89	26.50	12.59	3.43	4.51	26.57	68.46
新 疆	26.76	15.66	24.64	13.21	4.18	4.04	24.01	66.38

5-9 续表

单位：元/千克、元/只

地 区	生鲜乳	羊肉	玉米	豆粕	小麦麸	育肥猪配合料	肉鸡配合料	蛋鸡配合料
全国均价	**4.17**	**78.16**	**3.06**	**4.93**	**2.42**	**3.95**	**4.06**	**3.75**
北 京	3.59	71.40	2.92	5.04	2.47	3.62	4.18	3.63
天 津	3.69	75.25	3.01	4.71	2.35	3.65	4.38	3.48
河 北	3.53	68.41	3.02	4.96	2.20	3.77	4.27	3.51
山 西	3.94	70.27	2.99	4.96	2.42	3.94	3.98	3.54
内 蒙 古	3.63	68.38	2.88	4.86	2.47	4.59	4.19	3.90
辽 宁	3.90	75.63	2.90	4.91	2.27	3.79	4.05	3.55
吉 林	3.94	71.33	2.79	4.98	2.50	4.06	3.97	3.75
黑 龙 江	3.65	71.63	2.70	4.77	2.19	3.73	3.86	3.54
上 海	4.78	92.84	3.07	4.78	2.21	3.49	3.70	3.60
江 苏	3.85	76.53	3.08	4.95	2.27	3.81	4.04	3.73
浙 江	4.56	83.96	3.16	4.87	2.51	3.91	4.00	3.91
安 徽	4.14	71.83	3.06	4.93	2.22	3.60	4.04	3.62
福 建	4.94	89.70	3.12	4.90	2.33	3.86	4.02	3.79
江 西		79.79	3.13	4.70	2.60	3.78	3.74	3.69
山 东	3.79	80.83	3.03	4.92	2.20	3.90	4.31	3.55
河 南	3.74	71.80	2.99	4.96	2.21	3.71	3.84	3.52
湖 北	4.25	79.66	3.09	4.86	2.44	3.84	3.86	3.63
湖 南		88.38	3.10	4.87	2.48	3.95	3.80	3.65
广 东	5.40	93.61	3.18	4.91	2.48	3.90	4.06	3.93
广 西	5.29	88.13	3.19	4.93	2.73	4.00	4.02	3.98
海 南		109.80	3.17	4.91	2.70	3.84	3.93	3.74
重 庆	5.52	71.36	3.14	4.79	2.39	4.02	4.03	3.69
四 川	4.71	81.26	3.20	4.88	2.56	4.21	4.19	3.98
贵 州	4.58	89.29	3.20	5.01	2.56	4.32	4.13	3.97
云 南	4.05	97.24	3.23	4.98	2.62	4.56	4.44	4.23
陕 西	3.60	76.71	3.11	5.06	2.34	3.93	3.98	3.65
甘 肃	4.14	62.81	3.11	5.05	2.52	4.11	4.09	3.87
青 海	3.82	63.21	3.26	5.16	2.56	4.29	4.46	4.01
宁 夏	3.66	60.54	3.09	5.16	2.32	4.61	4.34	4.11
新 疆	3.88	63.27	2.83	5.07	2.57	3.77	3.80	3.67

5-10 各地区2023年10月畜产品及饲料集市价格

单位：元/千克、元/只

地　区	仔猪	生猪	猪肉	鸡蛋	商品代蛋雏鸡	商品代肉雏鸡	鸡肉	牛肉
全国均价	**27.53**	**15.90**	**26.02**	**11.97**	**3.75**	**3.32**	**24.14**	**82.69**
北　京		15.62	22.26	10.82	3.55		17.84	73.48
天　津	32.83	15.55	28.35	10.53	3.13	2.91	16.23	72.88
河　北	21.60	15.50	24.03	10.13	3.22	3.37	17.66	67.36
山　西	29.84	15.41	25.55	10.86	3.60	3.90	18.05	71.22
内蒙古	33.29	16.07	24.87	11.57	3.98	3.93	19.24	72.40
辽　宁	27.09	16.01	23.95	10.16	3.43	2.73	17.83	72.78
吉　林	27.17	15.77	25.40	10.86	3.08	2.75	17.94	72.43
黑龙江	29.35	15.62	21.70	10.84	3.54	3.28	16.96	71.11
上　海	23.68	16.20	30.14	11.84			31.03	103.78
江　苏	25.16	15.77	27.22	11.08	3.29	2.50	21.86	87.95
浙　江	22.90	16.96	29.18	12.95	4.10	2.83	24.33	99.67
安　徽	25.09	16.23	26.82	11.77	3.73	2.16	24.49	82.79
福　建	27.95	16.47	26.53	12.71	4.24	2.51	30.80	96.55
江　西	28.47	16.10	24.99	12.87	3.93	2.93	24.44	98.09
山　东	23.76	15.51	26.34	10.04	3.09	2.28	18.67	75.12
河　南	23.74	15.35	23.88	10.41	3.43	2.69	16.93	72.83
湖　北	27.99	15.76	24.67	11.08	3.69	2.80	22.85	86.26
湖　南	31.08	16.43	25.37	12.90	4.03	4.00	28.27	94.23
广　东	30.05	16.56	27.51	14.23	4.05	2.91	35.65	104.09
广　西	27.06	15.63	24.10	13.62	4.11	2.64	33.14	92.99
海　南	30.78	15.42	35.88	13.21	3.93	3.44	32.33	114.95
重　庆	27.02	16.38	25.29	12.79	3.78	3.43	24.72	87.27
四　川	25.94	16.40	25.66	14.03	4.29	4.61	29.51	86.39
贵　州	24.35	16.47	27.27	13.25	4.14	4.36	29.20	86.05
云　南	27.70	15.99	27.63	12.07	4.41	4.19	26.25	88.55
陕　西	28.30	15.63	25.59	11.91	3.88	3.17	21.76	76.40
甘　肃	29.90	15.52	25.29	12.45	3.85	3.50	25.06	72.26
青　海	39.76	15.91	26.00	13.22	3.64	4.51	30.37	67.79
宁　夏	25.29	16.03	25.46	12.05	3.42	4.48	26.88	67.21
新　疆	21.06	14.63	23.60	12.87	4.18	3.99	23.87	65.87

5-10　续表

单位：元/千克、元/只

地　区	生鲜乳	羊肉	玉米	豆粕	小麦麸	育肥猪配合料	肉鸡配合料	蛋鸡配合料
全国均价	**4.17**	**77.90**	**2.99**	**4.71**	**2.38**	**3.91**	**4.02**	**3.71**
北　京	3.56	70.96	2.89	4.86	2.40	3.63	4.14	3.76
天　津	3.68	75.32	2.96	4.42	2.34	3.64	4.42	3.48
河　北	3.57	67.97	2.95	4.63	2.13	3.71	4.21	3.44
山　西	3.96	70.28	2.91	4.67	2.40	3.86	3.98	3.46
内蒙古	3.65	67.94	2.83	4.70	2.45	4.58	4.16	3.90
辽　宁	3.86	75.55	2.79	4.54	2.22	3.70	3.95	3.47
吉　林	3.93	70.75	2.78	4.82	2.45	4.03	3.98	3.73
黑龙江	3.63	71.28	2.64	4.64	2.16	3.66	3.82	3.50
上　海	4.78	90.34	3.01	4.44	2.17	3.48	3.67	3.56
江　苏	3.88	76.20	2.99	4.64	2.17	3.75	3.99	3.67
浙　江	4.58	84.45	3.11	4.65	2.46	3.85	3.96	3.84
安　徽	4.10	71.89	2.97	4.59	2.17	3.50	3.96	3.53
福　建	5.03	90.24	3.02	4.60	2.30	3.79	3.96	3.70
江　西		79.03	3.06	4.53	2.56	3.78	3.75	3.69
山　东	3.81	80.51	2.90	4.60	2.17	3.84	4.22	3.48
河　南	3.74	71.37	2.92	4.64	2.16	3.66	3.80	3.49
湖　北	4.24	80.21	3.03	4.64	2.39	3.80	3.79	3.58
湖　南		88.74	3.05	4.74	2.45	3.94	3.81	3.65
广　东	5.40	92.16	3.10	4.58	2.46	3.84	4.00	3.89
广　西	5.27	88.29	3.12	4.77	2.68	3.97	3.99	3.94
海　南		109.20	3.09	4.81	2.63	3.80	3.92	3.70
重　庆	5.54	73.65	3.09	4.64	2.37	4.00	4.03	3.67
四　川	4.71	81.90	3.18	4.75	2.54	4.21	4.17	3.97
贵　州	4.58	88.83	3.16	4.84	2.55	4.18	4.14	3.94
云　南	4.04	96.82	3.19	4.83	2.61	4.53	4.45	4.23
陕　西	3.66	77.00	3.04	4.82	2.30	3.89	3.97	3.62
甘　肃	4.18	62.41	3.05	4.92	2.49	4.08	4.05	3.84
青　海	3.86	61.41	3.21	5.16	2.57	4.32	4.39	3.97
宁　夏	3.66	59.57	2.98	4.78	2.27	4.38	4.11	3.96
新　疆	3.72	62.65	2.76	4.97	2.51	3.72	3.76	3.64

5－11　各地区 2023 年 11 月畜产品及饲料集市价格

单位：元/千克、元/只

地　区	仔猪	生猪	猪肉	鸡蛋	商品代蛋雏鸡	商品代肉雏鸡	鸡肉	牛肉
全国均价	**24.24**	**15.11**	**24.97**	**11.41**	**3.69**	**3.24**	**23.91**	**81.99**
北　京		14.61	20.69	10.20	3.55		17.80	73.22
天　津	28.03	14.34	27.34	10.12	2.92	2.85	15.97	73.70
河　北	16.09	14.28	22.28	9.54	3.17	3.21	17.37	66.75
山　西	25.33	14.37	23.88	9.90	3.53	3.83	17.74	69.98
内蒙古	31.47	15.44	23.70	10.71	3.89	3.91	19.12	71.38
辽　宁	23.80	15.29	23.18	9.42	3.36	2.62	17.69	72.20
吉　林	23.75	14.96	24.40	10.08	3.05	2.60	17.61	70.76
黑龙江	26.87	15.06	20.79	9.85	3.50	3.22	16.79	71.01
上　海	23.66	15.19	29.16	11.20			30.50	103.55
江　苏	22.29	14.45	25.35	10.55	3.25	2.33	21.39	87.64
浙　江	22.52	15.89	28.21	12.28	4.11	2.81	24.75	99.43
安　徽	21.85	15.10	25.19	11.29	3.64	2.20	24.00	82.78
福　建	23.83	16.24	26.32	11.89	4.18	2.43	30.47	96.55
江　西	26.08	15.78	24.57	12.59	3.84	2.88	24.16	96.79
山　东	19.14	13.99	24.32	9.70	3.02	2.22	18.27	74.54
河　南	18.47	13.98	22.11	9.67	3.38	2.59	16.88	71.80
湖　北	24.59	14.85	23.88	10.38	3.58	2.81	22.54	86.12
湖　南	24.13	15.70	24.44	12.53	3.97	3.88	28.21	93.39
广　东	25.91	16.05	26.64	14.02	3.94	2.73	35.20	103.09
广　西	21.31	15.14	23.29	13.35	4.12	2.54	32.63	91.38
海　南	28.35	14.64	34.95	13.11	3.92	3.27	32.28	113.96
重　庆	23.88	15.73	24.33	12.13	3.75	3.63	24.52	85.52
四　川	23.99	15.86	25.21	13.99	4.32	4.56	29.44	86.18
贵　州	22.06	15.93	26.62	12.87	4.07	4.26	29.31	85.18
云　南	26.65	15.60	26.94	11.89	4.39	4.18	26.19	87.97
陕　西	23.54	14.93	24.26	11.16	3.72	3.10	21.62	75.94
甘　肃	26.65	14.74	23.80	11.56	3.81	3.46	24.16	71.28
青　海	38.74	15.27	26.08	12.74	3.55	4.46	30.25	66.60
宁　夏	21.63	15.25	24.23	11.38	3.36	4.25	26.99	66.77
新　疆	18.37	14.53	22.80	12.16	4.16	3.92	23.47	64.19

5-11　续表

单位：元/千克、元/只

地　区	生鲜乳	羊肉	玉米	豆粕	小麦麸	育肥猪配合料	肉鸡配合料	蛋鸡配合料
全国均价	**4.16**	**77.18**	**2.89**	**4.50**	**2.34**	**3.84**	**3.96**	**3.66**
北　京	3.60	72.32	2.77	4.57	2.27	3.58	3.98	3.78
天　津	3.62	76.32	2.90	4.31	2.22	3.61	4.40	3.42
河　北	3.57	67.06	2.83	4.40	2.10	3.67	4.16	3.39
山　西	3.96	68.78	2.79	4.44	2.31	3.81	3.95	3.39
内蒙古	3.61	67.78	2.72	4.58	2.39	4.57	4.15	3.89
辽　宁	3.86	74.22	2.70	4.31	2.21	3.63	3.89	3.42
吉　林	3.94	70.60	2.67	4.71	2.40	3.96	3.95	3.68
黑龙江	3.67	70.72	2.57	4.46	2.16	3.62	3.78	3.46
上　海	4.79	86.17	2.90	4.21	2.16	3.46	3.61	3.53
江　苏	3.92	75.88	2.87	4.29	2.13	3.69	3.93	3.61
浙　江	4.58	84.75	3.04	4.47	2.40	3.80	3.92	3.79
安　徽	4.08	72.05	2.87	4.36	2.16	3.38	3.85	3.43
福　建	5.03	89.90	2.89	4.28	2.28	3.69	3.88	3.65
江　西		77.02	2.97	4.39	2.55	3.72	3.71	3.65
山　东	3.77	79.16	2.74	4.37	2.15	3.75	4.13	3.41
河　南	3.74	70.27	2.83	4.40	2.12	3.61	3.74	3.45
湖　北	4.26	80.53	2.95	4.44	2.36	3.74	3.73	3.53
湖　南		88.86	2.96	4.55	2.45	3.87	3.75	3.59
广　东	5.38	90.75	3.00	4.39	2.38	3.78	3.96	3.81
广　西	5.16	87.37	3.06	4.64	2.63	3.92	3.92	3.88
海　南		108.24	3.01	4.56	2.61	3.77	3.88	3.69
重　庆	5.51	72.23	3.01	4.45	2.34	3.96	3.98	3.63
四　川	4.75	82.02	3.13	4.61	2.50	4.18	4.13	3.97
贵　州	4.52	88.48	3.08	4.56	2.57	4.05	4.10	3.89
云　南	4.08	96.01	3.11	4.68	2.60	4.53	4.44	4.21
陕　西	3.58	76.74	2.88	4.57	2.26	3.84	3.92	3.58
甘　肃	4.17	60.74	2.90	4.70	2.45	3.96	4.00	3.79
青　海	3.84	59.56	3.05	4.98	2.52	4.25	4.32	3.91
宁　夏	3.62	58.97	2.81	4.51	2.27	4.14	3.92	3.77
新　疆	3.60	61.87	2.68	4.82	2.43	3.70	3.71	3.60

5－12 各地区2023年12月畜产品及饲料集市价格

单位：元/千克、元/只

地 区	仔猪	生猪	猪肉	鸡蛋	商品代蛋雏鸡	商品代肉雏鸡	鸡肉	牛肉
全国均价	**23.26**	**14.83**	**24.69**	**11.27**	**3.66**	**3.17**	**23.90**	**81.41**
北 京		14.25	20.39	10.11	3.55		17.83	72.47
天 津	24.53	14.33	27.22	9.79	2.79	3.01	15.93	73.66
河 北	15.14	14.19	22.02	9.52	3.09	2.98	17.34	66.24
山 西	22.95	14.06	23.60	9.76	3.53	3.85	17.64	69.41
内蒙古	29.87	14.81	23.14	10.39	3.82	3.82	19.05	69.81
辽 宁	21.13	14.31	22.07	9.21	3.10	2.46	17.58	70.69
吉 林	22.46	14.25	22.72	9.90	3.39	2.72	17.61	70.70
黑龙江	25.28	14.06	19.88	9.40	3.44	3.14	16.57	70.47
上 海	23.62	14.98	28.73	11.20			30.55	102.93
江 苏	22.24	15.08	25.83	10.70	3.22	2.03	21.25	86.70
浙 江	22.40	15.78	28.13	12.12	4.06	2.72	24.92	99.40
安 徽	22.06	15.28	25.62	11.29	3.52	2.18	24.21	83.19
福 建	22.40	15.35	25.30	11.65	4.36	2.43	30.56	96.11
江 西	26.01	15.57	24.52	12.50	3.73	2.78	23.88	96.59
山 东	20.05	14.53	24.92	9.59	3.10	1.94	18.31	75.19
河 南	18.83	14.32	22.72	9.67	3.34	2.44	16.93	71.26
湖 北	23.89	14.78	23.86	10.25	3.58	2.82	22.55	86.33
湖 南	24.27	15.36	24.30	12.57	4.01	3.85	28.02	92.34
广 东	24.94	15.58	26.04	13.82	3.84	2.65	35.40	102.07
广 西	20.78	14.83	22.98	13.31	3.95	2.44	33.02	89.57
海 南	27.91	14.72	34.95	12.94	3.80	3.18	32.92	113.70
重 庆	23.01	15.45	24.38	12.24	3.72	3.61	24.52	84.79
四 川	23.69	15.69	25.22	14.13	4.47	4.58	29.42	85.88
贵 州	20.99	15.74	26.68	12.69	3.93	4.33	29.56	85.35
云 南	25.58	15.41	26.88	11.92	4.35	4.15	26.18	87.25
陕 西	21.82	14.40	23.83	10.70	3.58	2.84	21.26	75.79
甘 肃	24.81	14.34	23.17	11.15	3.80	3.45	24.08	70.18
青 海	38.50	15.18	25.68	12.82	3.51	4.50	30.29	65.80
宁 夏	18.55	14.52	23.67	10.94	3.37	4.19	26.48	65.75
新 疆	16.85	13.88	22.13	11.76	4.11	3.69	23.13	62.69

5-12　续表

单位：元/千克、元/只

地　区	生鲜乳	羊肉	玉米	豆粕	小麦麸	育肥猪配合料	肉鸡配合料	蛋鸡配合料
全国均价	**4.12**	**77.25**	**2.81**	**4.32**	**2.34**	**3.80**	**3.92**	**3.62**
北　京	3.55	73.34	2.73	4.35	2.23	3.52	3.88	3.71
天　津	3.62	76.89	2.79	4.09	2.22	3.55	4.30	3.38
河　北	3.55	68.10	2.73	4.17	2.10	3.62	4.12	3.35
山　西	3.94	70.15	2.71	4.27	2.26	3.77	3.93	3.34
内蒙古	3.61	67.33	2.64	4.45	2.37	4.50	4.14	3.86
辽　宁	3.86	73.16	2.60	4.11	2.19	3.56	3.88	3.35
吉　林	3.92	71.46	2.59	4.46	2.37	3.93	3.95	3.66
黑龙江	3.66	70.92	2.52	4.36	2.14	3.60	3.74	3.44
上　海	4.81	83.64	2.81	4.00	2.14	3.45	3.57	3.48
江　苏	3.85	76.89	2.75	4.15	2.19	3.67	3.91	3.55
浙　江	4.57	85.46	2.99	4.33	2.37	3.79	3.92	3.75
安　徽	4.05	73.34	2.78	4.14	2.16	3.31	3.76	3.35
福　建	4.72	89.74	2.81	4.06	2.28	3.63	3.82	3.60
江　西		76.27	2.90	4.27	2.55	3.69	3.68	3.64
山　东	3.74	80.32	2.66	4.12	2.12	3.69	4.04	3.32
河　南	3.72	69.85	2.76	4.21	2.12	3.56	3.68	3.41
湖　北	4.20	79.88	2.88	4.28	2.34	3.71	3.68	3.49
湖　南		87.78	2.90	4.39	2.49	3.80	3.72	3.53
广　东	5.37	90.01	2.90	4.19	2.35	3.72	3.93	3.73
广　西	5.13	86.48	3.00	4.48	2.61	3.91	3.91	3.86
海　南		108.85	2.94	4.40	2.66	3.75	3.83	3.68
重　庆	5.52	73.51	2.92	4.28	2.32	3.90	3.92	3.61
四　川	4.77	82.12	3.10	4.53	2.51	4.15	4.12	3.96
贵　州	4.51	90.14	3.01	4.36	2.59	4.01	4.03	3.84
云　南	4.11	95.20	3.06	4.50	2.59	4.44	4.40	4.17
陕　西	3.51	76.87	2.77	4.36	2.23	3.79	3.89	3.53
甘　肃	4.17	60.10	2.80	4.51	2.44	3.91	3.94	3.76
青　海	3.71	59.14	2.94	4.94	2.51	4.24	4.30	3.89
宁　夏	3.60	59.21	2.72	4.26	2.26	3.97	3.86	3.71
新　疆	3.53	61.46	2.63	4.69	2.38	3.65	3.65	3.54

六、饲料产量

6-1 全国饲料总产量

单位：万吨

年 份	总产量	配合饲料	浓缩饲料	添加剂预混合饲料	宠物饲料
1990	3 194.0	3 122.2	50.8	21.0	
1991	3 582.7	3 494.0	59.0	29.8	
1992	3 796.4	3 637.9	126.3	32.2	
1993	3 921.8	3 704.4	172.5	44.9	
1994	4 523.2	4 232.5	231.2	59.5	
1995	5 268.0	4 857.9	345.9	64.2	
1996	5 610.0	5 118.3	418.9	72.7	
1997	6 299.2	5 473.8	700.7	124.7	
1998	6 599.0	5 573.3	887.4	138.3	
1999	6 872.7	5 552.7	1 096.8	223.2	
2000	7 429.0	5 911.8	1 249.2	268.0	
2001	7 806.5	6 086.8	1 418.8	300.8	
2002	8 319.0	6 238.7	1 764.0	316.3	
2003	8 711.6	6 427.6	1 958.1	325.8	
2004	9 660.5	7 030.6	2 224.3	405.6	
2005	10 732.3	7 762.2	2 498.3	471.8	
2006	11 059.0	8 116.9	2 456.0	486.1	
2007	12 331.0	9 318.9	2 491.2	520.9	
2008	13 666.6	10 590.2	2 530.5	545.9	
2009	14 813.2	11 534.5	2 686.3	592.5	
2010	16 201.7	12 974.3	2 648.2	579.3	
2011	18 062.6	14 915.0	2 542.5	605.1	
2012	19 448.5	16 362.6	2 466.5	619.4	
2013	19 340.1	16 307.9	2 398.5	633.7	
2014	19 727.0	16 935.3	2 151.2	640.6	
2015	20 009.2	17 396.2	1 960.5	652.5	
2016	20 917.5	18 394.5	1 832.4	690.6	
2017	22 161.2	19 618.6	1 853.7	688.9	
2018	23 763.1	21 659.1	1 418.1	607.3	78.6
2019	22 885.4	21 013.8	1 241.9	542.6	87.1
2020	25 276.1	23 070.5	1 514.8	594.5	96.3
2021	29 344.3	27 017.1	1 551.1	663.1	113.0
2022	30 223.4	28 021.2	1 426.2	652.2	123.7
2023	32 162.7	29 888.5	1 418.8	709.1	146.3

6－2 按畜种分全国饲料产量

单位：万吨

年 份	总产量	猪饲料	蛋禽饲料	肉禽饲料	水产饲料	反刍饲料	其他饲料	宠物饲料
1990	3 194.0							
1991	3 582.7							
1992	3 796.4							
1993	3 921.8							
1994	4 523.2							
1995	5 268.0							
1996	5 610.0							
1997	6 299.2							
1998	6 599.0							
1999	6 872.7							
2000	7 429.0							
2001	7 806.5							
2002	8 319.0	3 096.8	1 811.5	2 213.3	724.0	273.9	199.5	
2003	8 711.6	3 415.8	1 879.4	2 154.4	742.1	334.4	185.5	
2004	9 660.5	3 793.2	1 928.3	2 608.8	831.0	326.9	172.3	
2005	10 732.3	4 250.2	2 041.3	2 825.7	1 035.8	387.2	192.0	
2006	11 059.0	4 015.0	2 202.7	2 896.9	1 241.0	462.6	240.8	
2007	12 331.0	4 000.9	2 518.4	3 660.9	1 326.0	568.3	256.4	
2008	13 666.6	4 576.9	2 666.1	4 211.5	1 338.8	570.5	302.8	
2009	14 813.2	5 242.8	2 761.1	4 477.6	1 464.3	591.2	276.2	
2010	16 201.7	5 946.8	3 007.7	4 734.9	1 502.4	728.0	282.1	
2011	18 062.6	6 830.4	3 173.4	5 283.3	1 684.4	775.3	315.9	
2012	19 448.5	7 721.6	3 229.2	5 513.7	1 892.3	775.1	316.7	
2013	19 340.1	8 411.3	3 034.9	4 947.1	1 864.2	795.0	287.5	
2014	19 727.0	8 615.6	2 901.8	5 033.2	1 902.8	876.5	397.0	
2015	20 009.2	8 343.6	3 019.8	5 514.8	1 893.1	884.2	353.7	
2016	20 917.5	8 725.7	3 004.6	6 011.3	1 930.0	879.9	366.1	
2017	22 161.2	9 809.7	2 931.2	6 014.5	2 079.8	922.6	403.4	
2018	23 763.1	10 442.5	2 844.7	6 997.6	2 195.8	1 017.0	186.8	78.6
2019	22 885.4	7 663.2	3 116.6	8 464.8	2 202.9	1 108.9	241.9	87.1
2020	25 276.1	8 922.5	3 351.9	9 175.8	2 123.6	1 318.8	287.2	96.3
2021	29 344.3	13 076.5	3 231.4	8 909.6	2 293.0	1 480.3	240.5	113.0
2022	30 223.4	13 597.5	3 210.9	8 925.4	2 525.7	1 616.8	223.3	123.7
2023	32 162.7	14 975.2	3 274.4	9 510.8	2 344.4	1 671.5	240.2	146.3

七、生猪屠宰统计

7-1　全国生猪屠宰企业屠宰量

单位：个、万头

地　区	企业数量	屠宰量
北　京	10	290.2
天　津	22	97.8
河　北	245	1 460.1
山　西	103	549.3
内蒙古	146	432.3
辽　宁	336	1 223.4
吉　林	199	644.7
黑龙江	256	1 246.1
上　海	5	49.2
江　苏	135	1 820.2
浙　江	129	1 464.1
安　徽	148	1 549.1
福　建	118	919.4
江　西	229	1 055.3
山　东	339	4 416.1
河　南	194	3 382.6
湖　北	297	1 454.9
湖　南	356	2 302.8
广　东	349	4 568.6
广　西	211	1 866.9
海　南	51	306.0
重　庆	153	932.8
四　川	882	2 690.6
贵　州	159	625.7
云　南	296	1 072.3
西　藏	22	5.5
陕　西	130	722.7
甘　肃	83	421.2
青　海	17	28.6
宁　夏	14	45.5
新　疆	65	216.1
新疆兵团	33	168.4
全国合计	**5 732**	**38 028.6**

注：2023年全年共有5 732家生猪定点屠宰厂（场）在全国畜禽屠宰行业管理系统中备案，期间因定点屠宰资格取消、关停等原因取消备案的有124家。截至2023年底，全国共有生猪定点屠宰厂（场）5 608家。

7-2　全国规模以上生猪定点屠宰企业 2023 年生猪及白条肉价格基本情况

单位：元/千克、%

周　数	日　期	生猪收购价格	环比涨跌	白条肉出厂价格	环比涨跌
第 1 周	1 月 2 日—1 月 8 日	17.57	−7.14	23.54	−6.51
第 2 周	1 月 9 日—1 月 15 日	16.60	−5.52	22.38	−4.93
第 3 周	1 月 16 日—1 月 22 日	16.61	0.06	22.50	0.54
第 4 周	1 月 23 日—1 月 29 日	16.69	0.48	22.49	−0.04
第 5 周	1 月 30 日—2 月 5 日	15.91	−4.67	21.31	−5.25
第 6 周	2 月 6 日—2 月 12 日	15.70	−1.32	20.94	−1.74
第 7 周	2 月 13 日—2 月 19 日	15.88	1.15	21.06	0.57
第 8 周	2 月 20 日—2 月 26 日	16.38	3.15	21.65	2.80
第 9 周	2 月 27 日—3 月 5 日	16.59	1.28	21.87	1.02
第 10 周	3 月 6 日—3 月 12 日	16.52	−0.42	21.73	−0.64
第 11 周	3 月 13 日—3 月 19 日	16.31	−1.27	21.42	−1.43
第 12 周	3 月 20 日—3 月 26 日	16.17	−0.86	21.29	−0.61
第 13 周	3 月 27 日—4 月 2 日	15.91	−1.61	20.97	−1.50
第 14 周	4 月 3 日—4 月 9 日	15.67	−1.51	20.64	−1.57
第 15 周	4 月 10 日—4 月 16 日	15.47	−1.28	20.39	−1.21
第 16 周	4 月 17 日—4 月 23 日	15.36	−0.71	20.21	−0.88
第 17 周	4 月 24 日—4 月 30 日	15.57	1.37	20.48	1.34
第 18 周	5 月 1 日—5 月 7 日	15.53	−0.26	20.43	−0.24
第 19 周	5 月 8 日—5 月 14 日	15.40	−0.84	20.27	−0.78
第 20 周	5 月 15 日—5 月 21 日	15.31	−0.58	20.14	−0.64
第 21 周	5 月 22 日—5 月 28 日	15.31	0.00	20.09	−0.25
第 22 周	5 月 29 日—6 月 4 日	15.32	0.07	20.11	0.10
第 23 周	6 月 5 日—6 月 11 日	15.24	−0.52	20.06	−0.25
第 24 周	6 月 12 日—6 月 18 日	15.26	0.13	20.05	−0.05
第 25 周	6 月 19 日—6 月 25 日	15.28	0.13	20.07	0.10
第 26 周	6 月 26 日—7 月 2 日	15.08	−1.31	19.87	−1.00

7-2 续表

单位：元/千克、%

周 数	日 期	生猪收购价格	环比涨跌	白条肉出厂价格	环比涨跌
第27周	7月3日—7月9日	15.14	0.40	19.90	0.15
第28周	7月10日—7月16日	15.12	−0.13	19.90	0.00
第29周	7月17日—7月23日	15.15	0.20	19.95	0.25
第30周	7月24日—7月30日	15.91	5.02	20.83	4.41
第31周	7月31日—8月6日	17.36	9.11	22.61	8.55
第32周	8月7日—8月13日	17.77	2.36	23.10	2.17
第33周	8月14日—8月20日	17.84	0.39	23.17	0.30
第34周	8月21日—8月27日	17.84	0.00	23.20	0.13
第35周	8月28日—9月3日	17.77	−0.39	23.09	−0.47
第36周	9月4日—9月10日	17.61	−0.90	22.87	−0.95
第37周	9月11日—9月17日	17.46	−0.85	22.74	−0.57
第38周	9月18日—9月24日	17.25	−1.20	22.53	−0.92
第39周	9月25日—10月1日	17.12	−0.75	22.38	−0.67
第40周	10月2日—10月8日	16.94	−1.05	22.09	−1.30
第41周	10月9日—10月15日	16.63	−1.83	21.76	−1.49
第42周	10月16日—10月22日	16.59	−0.24	21.68	−0.37
第43周	10月23日—10月29日	16.25	−2.05	21.32	−1.66
第44周	10月30日—11月5日	16.09	−0.98	21.14	−0.84
第45周	11月6日—11月12日	16.01	−0.50	21.01	−0.61
第46周	11月13日—11月19日	15.97	−0.25	20.98	−0.14
第47周	11月20日—11月26日	16.08	0.69	21.06	0.38
第48周	11月27日—12月3日	15.94	−0.87	20.94	−0.57
第49周	12月4日—12月10日	15.66	−1.76	20.63	−1.48
第50周	12月11日—12月17日	15.68	0.13	20.65	0.10
第51周	12月18日—12月24日	15.75	0.45	20.77	0.58
第52周	12月25日—12月31日	15.61	−0.89	20.62	−0.72

7-3 全国月报样本生猪定点屠宰企业2023年屠宰量情况

单位：万头、%

月份	屠宰量	环比增减	同比增减
1月	2 896.5	−6.3	1.7
2月	2 259.7	−22.0	44.1
3月	2 668.5	18.1	3.0
4月	2 863.1	7.3	4.6
5月	2 807.4	−1.9	11.0
6月	2 646.8	−5.7	9.7
7月	2 683.8	1.4	26.7
8月	2 645.4	−1.4	22.1
9月	2 774.6	4.9	31.6
10月	2 867.1	3.3	36.7
11月	3 280.4	14.4	44.6
12月	3 978.2	21.3	28.7

八、中国畜产品进出口统计

8-1　畜产品进出口分类别情况

单位：亿美元、万吨、%

类　别	进出口贸易总额		进口金额		出口金额	
	总额	同比	贸易额	同比	贸易额	同比
猪肉及杂碎	70.3	−4.7	64.5	−4.6	5.8	−6.0
其中：猪肉	36.5	−9.8	35.4	−9.3	1.2	−22.7
猪杂碎	33.8	1.5	29.2	1.8	4.6	−0.6
蛋产品	3.4	13.0	0.0	−51.6	3.4	13.0
禽产品	64.4	0.5	42.5	1.4	21.9	−1.2
其中：家禽肉及杂碎#	49.8	0.4	41.7	0.1	8.1	2.1
乳品	118.1	−12.8	115.4	−13.6	2.7	35.4
其中：工业奶粉#	29.6	−33.3	29.1	−34.2	0.5	183.9
婴幼儿奶粉#	43.7	−4.0	42.1	−4.8	1.6	27.4
乳清粉#	8.4	−10.5	8.4	−10.5	0.0	−94.7
鲜奶#	16.1	−2.2	15.9	−2.2	0.2	0.3
乳酪#	9.7	26.1	9.7	25.9	0.0	132.4
牛产品	148.6	−21.5	147.5	−21.6	1.1	−5.1
其中：牛肉#	142.2	−19.9	142.2	−19.9	0.0	70.3
羊产品	18.2	−13.4	18.0	−13.5	0.2	−4.9
其中：羊肉#	18.0	−14.3	17.8	−14.4	0.2	−5.4
马、驴、骡	1.0	180.6	0.9	202.3	0.1	19.2
骆驼产品	0.1	183.3	0.1	183.3	—	—
兔产品	0.2	29.5	0.0	—	0.2	26.7
动物毛	23.6	−13.3	22.4	−14.0	1.2	3.6
动物生皮	13.5	−3.0	13.3	−1.2	0.2	−55.2
动物生毛皮	0.5	31.0	0.5	32.0	0.0	−56.0

注：羊产品包含羊杂碎（肠衣，05040012＋05040013）等指标。

8-1　续表1

单位：亿美元、万吨、%

类　别	进出口贸易总量		进口总量		出口总量	
	总量	同比	总量	同比	总量	同比
猪肉及杂碎	279.9	−5.3	271.1	−5.3	8.9	−5.3
其中：猪肉	157.8	−11.6	155.1	−11.7	2.7	−2.3
猪杂碎	122.1	4.3	116.0	5.0	6.2	−6.5
蛋产品	268.8	20.2	0.0	−50.0	268.8	20.2
禽产品	198.3	1.5	131.4	−0.6	66.9	5.8
其中：家禽肉及杂碎#	160.8	0.6	129.7	−1.4	31.1	10.0
乳品	289.4	−11.7	283.6	−12.3	5.8	30.3
其中：工业奶粉#	78.8	−24.2	77.4	−25.2	1.4	227.8
婴幼儿奶粉#	22.9	−15.2	22.3	−16.0	0.6	34.9
乳清粉#	65.6	9.4	65.6	9.5	0.0	−91.5
鲜奶#	83.9	−16.2	81.4	−16.7	2.5	6.6
乳酪#	17.9	22.7	17.8	22.5	0.0	298.5
牛产品	283.9	−0.4	282.1	−0.4	1.8	−6.4
其中：牛肉#	273.7	1.8	273.7	1.8	0.0	140.2
羊产品	44.3	22.8	44.1	22.9	0.2	2.2
其中：羊肉#	43.5	21.1	43.4	21.2	0.2	1.1
马、驴、骡	3.3	613.6	3.3	645.9	0.0	24.7
骆驼产品	0.0	289.6	0.0	289.6	—	—
兔产品	0.4	7.0	0.0	—	0.4	6.8
动物毛	32.8	3.1	31.3	2.3	1.5	25.7
动物生皮	151.5	16.1	150.1	16.4	1.4	−9.6
动物生毛皮	4.0	−36.4	3.9	−35.5	0.1	−56.2

8-2　2023年猪肉主要进口国家（地区）

单位：万吨、亿美元、%

国家（地区）	进口量	占进口总量比重	同比	进口额	占进口总额比重	同比
巴西	40.2	25.9	−3.4	10.0	28.3	0.4
西班牙	38.2	24.6	−19.5	9.1	25.7	−18.6
加拿大	13.2	8.5	15.6	2.7	7.7	15.8
美国	12.2	7.9	−2.7	2.2	6.2	2.8
荷兰	12.1	7.8	−2.0	2.7	7.6	0.7
丹麦	11.4	7.4	−41.5	2.9	8.2	−35.3
智利	9.0	5.8	16.0	1.7	4.8	14.2
英国	6.6	4.3	−11.0	1.3	3.7	−10.7
法国	6.2	4.0	−4.9	1.5	4.4	−0.2
爱尔兰	3.3	2.1	−11.4	0.7	2.0	−8.6
奥地利	1.3	0.8	−22.5	0.3	0.9	−8.2
芬兰	0.6	0.4	−20.0	0.1	0.3	−12.6
葡萄牙	0.4	0.3	−29.7	0.1	0.2	−29.8
墨西哥	0.3	0.2	−84.5	0.1	0.2	−83.4
瑞士	0.1	0.1	−2.8	0.0	0.1	−18.1
阿根廷	0.0	0.0	395.9	0.0	0.0	312.4
合计	155.1	100.0	−11.8	35.3	100.0	−9.3

8-3　2023 年禽肉主要进口国家（地区）

单位：万吨、亿美元、%

国家（地区）	进口量	占进口总量比重	同比	进口额	占进口总额比重	同比
巴西	67.9	52.4	22.8	19.5	46.7	28.2
美国	24.3	18.7	−29.6	8.0	19.1	−35.6
俄罗斯	13.7	10.5	1.8	4.6	11.1	15.3
泰国	11.6	9.0	37.5	5.1	12.3	34.2
阿根廷	6.9	5.3	28.8	2.8	6.6	33.1
土耳其	2.9	2.3	−60.7	0.9	2.2	−56.5
白俄罗斯	1.4	1.1	−67.4	0.3	0.8	−62.5
智利	1.0	0.8	−62.8	0.4	1.0	−61.1
合计	129.7	100.0	−1.4	41.7	100.0	0.1

8-4　2023年牛肉主要进口国家（地区）

单位：万吨、亿美元、%

国家（地区）	进口量	占进口总量比重	同比	进口额	占进口总额比重	同比
巴西	117.7	43.0	0.1	59.7	42.0	−20.6
阿根廷	52.7	19.3	0.1	21.7	15.3	−19.9
乌拉圭	27.5	10.0	−0.2	11.0	7.7	−40.5
澳大利亚	22.6	8.3	0.2	16.4	11.6	3.5
新西兰	20.6	7.5	0.0	10.4	7.3	−25.1
美国	15.6	5.7	−0.1	14.7	10.3	−15.4
玻利维亚	6.9	2.5	1.2	3.4	2.4	59.5
白俄罗斯	3.2	1.2	−0.2	1.3	0.9	−34.3
智利	1.9	0.7	−0.2	0.8	0.6	−32.9
俄罗斯	1.8	0.7	−0.1	1.1	0.8	−24.4
哥斯达黎加	1.3	0.5	−0.4	0.6	0.4	−50.2
乌克兰	1.1	0.4	0.1	0.5	0.3	−16.7
巴拿马	0.3	0.1	−0.3	0.1	0.1	−29.1
爱尔兰	0.2	0.1	—	0.2	0.1	—
纳米比亚	0.1	0.0	−0.1	0.0	0.0	−27.9
塞尔维亚	0.1	0.0	−0.8	0.0	0.0	−89.8
匈牙利	0.1	0.0	−0.8	0.0	0.0	−83.1
合计	273.6	100.0	2.0	142.2	100.0	−19.7

8-5　2023 年羊肉主要进口国家（地区）

单位：万吨、亿美元、%

国家（地区）	进口量	占进口总量比重	同比	进口额	占进口总额比重	同比
新西兰	21.8	50.3	2 181.0	9.5	53.5	−21.4
澳大利亚	19.9	45.8	1 987.1	7.6	42.7	−4.4
乌拉圭	1.4	3.1	135.2	0.5	3.0	−2.2
智利	0.3	0.6	25.1	0.1	0.6	−24.0
合计	43.3	99.8	21.1	17.7	99.8	−14.4

8－6　2023年猪肉主要出口国家（地区）

单位：万吨、亿美元、%

国家（地区）	出口量	占出口总量比重	同比	出口额	占出口总额比重	同比
中国香港	2.4	89.0	−8.0	1.1	90.8	−26.0
中国澳门	0.2	6.9	72.1	0.1	6.9	31.6
蒙古	0.1	3.1	996.0	0.0	1.4	950.1
老挝	0.0	0.6	−53.8	0.0	0.4	−56.2
阿富汗	0.0	0.4	—	0.0	0.3	—
合计	2.7	99.9	−2.3	1.2	99.8	−22.7

8－7　2023年禽肉主要出口国家（地区）

单位：万吨、亿美元、%

国家（地区）	出口量	占出口总量比重	同比	出口额	占出口总额比重	同比
中国香港	16.7	51.9	−1.4	5.3	64.5	−3.7
蒙古	2.5	7.8	34.8	0.5	5.5	31.3
俄罗斯	1.9	5.9	339.5	0.3	3.9	307.4
中国澳门	1.8	5.7	14.6	0.6	7.5	13.9
柬埔寨	1.7	5.3	3.1	0.2	2.9	−2.9
吉尔吉斯斯坦	1.6	5.0	192.9	0.3	3.4	144.7
马来西亚	1.1	3.6	−49.1	0.3	3.4	−50.3
巴林	1.1	3.5	49.9	0.2	2.5	42.3
格鲁吉亚	1.0	3.0	67.7	0.2	2.0	61.6
朝鲜	0.6	2.0	—	0.1	1.0	—
阿富汗	0.5	1.6	−29.9	0.1	0.9	−34.4
白俄罗斯	0.3	1.0	1 046.1	0.1	0.7	957.2
巴布亚新几内亚	0.2	0.7	−5.8	0.0	0.2	−18.7
合计	31.1	97.1	14.0	7.9	95.9	1.4

8－8　2023 年牛肉主要出口国家（地区）

单位：吨、万美元、%

国家（地区）	出口量	占出口总量比重	同比	出口额	占出口总额比重	同比
中国香港	52.8	56.2	146.5	51.4	61.6	－2.8
朝鲜	30.9	32.8	—	28.0	33.5	－9.4
乌拉圭	6.1	6.4	—	1.8	2.2	—
中国澳门	3.3	3.5	—	0.9	1.0	—
科威特	1.0	1.1	—	1.4	1.7	—
合计	94.0	100.0	139.9	83.4	100.0	70.9

8－9　2023 年羊肉主要出口国家（地区）

单位：吨、万美元、%

国家（地区）	出口量	占出口总量比重	同比	出口额	占出口总额比重	同比
中国香港	1 479.0	91.0	2.6	1 690.0	92.6	－4.7
中国澳门	88.5	5.4	252.6	96.9	5.3	201.1
科威特	32.6	2.0	－62.9	13.6	0.7	－79.7
阿拉伯联合酋长国	13.2	0.8	－56.0	11.7	0.6	－65.1
柬埔寨	4.4	0.3	118.0	7.3	0.4	111.2
卡塔尔	4.0	0.2	－80.9	4.2	0.2	－82.5
合计	1 621.7	99.8	0.9	1 823.7	99.9	－5.6

九、2022年世界畜产品进出口情况

9-1　肉类和肉制品进出口及排名

位次	国家（地区）	进口金额（千美元）	位次	国家（地区）	出口金额（千美元）
	世界	190 489 544		世界	190 430 327
1	**中国**	**30 882 486**	1	美国	25 458 554
2	日本	14 642 403	2	巴西	25 387 058
3	美国	14 557 857	3	荷兰	13 500 483
4	英国	9 582 524	4	澳大利亚	11 556 280
5	德国	9 263 083	5	西班牙	11 093 452
6	法国	7 986 145	6	德国	10 276 364
7	韩国	7 635 326	7	波兰	9 754 689
8	荷兰	7 468 984	8	加拿大	7 768 806
9	意大利	6 167 554	9	新西兰	6 385 130
10	墨西哥	6 128 277	10	法国	5 002 853
11	中国香港	3 663 079	11	爱尔兰	4 971 756
12	加拿大	3 631 583	12	比利时	4 946 286
13	比利时	2 888 994	13	丹麦	4 822 700
14	阿拉伯联合酋长国	2 878 762	14	泰国	4 510 831
15	沙特阿拉伯	2 774 322	15	阿根廷	4 010 588
16	西班牙	2 347 996	16	意大利	3 832 759
17	波兰	2 311 381	17	印度	3 253 479
18	菲律宾	2 274 508	18	墨西哥	3 179 723
19	智利	2 224 322	19	乌拉圭	2 962 002
20	中国台湾	2 146 362	20	**中国**	**2 909 301**

9-2　猪肉进口及排名

位次	国家（地区）	进口数量（吨）	位次	国家（地区）	进口金额（千美元）
	世界	15 825 560		世界	43 696 975
1	**中国**	**1 842 040**	1	日本	4 390 507
2	墨西哥	1 296 781	2	**中国**	**3 886 418**
3	日本	1 199 578	3	墨西哥	2 962 018
4	意大利	1 055 114	4	德国	2 540 834
5	德国	861 474	5	意大利	2 540 074
6	波兰	785 482	6	英国	2 410 500
7	英国	730 921	7	美国	2 329 251
8	韩国	662 504	8	韩国	2 102 461
9	美国	642 548	9	波兰	1 718 230
10	法国	478 365	10	法国	1 625 608
11	菲律宾	449 027	11	荷兰	1 100 015
12	罗马尼亚	418 158	12	罗马尼亚	1 009 497
13	荷兰	361 070	13	捷克	924 139
14	捷克	353 133	14	加拿大	860 351
15	澳大利亚	215 230	15	比利时	747 364
16	希腊	210 560	16	中国香港	707 084
17	匈牙利	208 102	17	菲律宾	633 239
18	加拿大	207 047	18	澳大利亚	592 606
19	中国香港	196 582	19	希腊	579 949
20	斯洛伐克	194 084	20	斯洛伐克	542 574

9-3　猪肉出口及排名

位次	国家（地区）	出口数量（吨）	位次	国家（地区）	出口金额（千美元）
	世界	15 796 236		世界	43 580 331
1	西班牙	2 444 620	1	西班牙	7 512 841
2	美国	2 383 518	2	美国	6 430 054
3	德国	1 800 327	3	德国	4 948 235
4	巴西	1 363 328	4	荷兰	3 442 455
5	荷兰	1 308 521	5	丹麦	3 170 584
6	加拿大	1 304 731	6	加拿大	3 163 389
7	丹麦	1 268 390	7	巴西	2 658 977
8	比利时	735 026	8	意大利	1 953 632
9	法国	527 033	9	比利时	1 802 975
10	波兰	384 147	10	法国	1 354 523
11	意大利	251 250	11	奥地利	874 387
12	墨西哥	242 654	12	波兰	863 582
13	英国	219 309	13	墨西哥	852 392
14	爱尔兰	219 222	14	爱尔兰	615 402
15	奥地利	211 470	15	匈牙利	556 209
16	匈牙利	192 999	16	智利	516 742
17	智利	181 852	17	英国	488 408
18	俄罗斯	76 715	18	**中国**	**256 448**
19	捷克	63 386	19	捷克	186 015
20	**中国**	**59 378**	20	俄罗斯	184 005

9-4 牛肉进口及排名

位次	国家（地区）	进口数量（吨）	位次	国家（地区）	进口金额（千美元）
	世界	14 818 157		世界	76 824 440
1	**中国**	**3 408 304**	1	**中国**	**18 002 616**
2	美国	1 550 057	2	美国	9 095 593
3	日本	818 410	3	日本	4 991 135
4	韩国	605 391	4	韩国	4 507 415
5	荷兰	477 511	5	德国	2 722 124
6	德国	459 804	6	荷兰	2 669 577
7	法国	418 740	7	意大利	2 589 050
8	意大利	400 403	8	法国	2 430 186
9	英国	381 160	9	英国	1 910 235
10	中国香港	374 133	10	中国香港	1 623 943
11	智利	347 885	11	智利	1 510 778
12	印尼	345 948	12	中国台湾	1 447 113
13	俄罗斯	287 449	13	加拿大	1 393 581
14	马来西亚	280 336	14	埃及	1 217 947
15	埃及	270 734	15	印尼	1 056 800
16	菲律宾	242 232	16	墨西哥	1 042 073
17	阿拉伯联合酋长国	232 318	17	以色列	1 031 403
18	加拿大	228 337	18	西班牙	988 617
19	越南	221 852	19	俄罗斯	955 557
20	中国台湾	192 473	20	阿拉伯联合酋长国	953 359

9-5　牛肉出口及排名

位次	国家（地区）	出口数量（吨）	位次	国家（地区）	出口金额（千美元）
	世界	15 698 709		世界	77 252 150
1	巴西	2 863 478	1	巴西	12 865 278
2	美国	1 711 190	2	美国	11 464 969
3	澳大利亚	1 333 001	3	澳大利亚	7 865 336
4	印度	1 169 310	4	荷兰	4 087 947
5	阿根廷	912 195	5	阿根廷	3 656 430
6	荷兰	653 346	6	加拿大	3 599 912
7	新西兰	650 230	7	新西兰	3 368 647
8	加拿大	628 151	8	印度	3 172 329
9	波兰	627 588	9	爱尔兰	3 151 548
10	爱尔兰	596 820	10	波兰	2 979 770
11	乌拉圭	590 502	11	乌拉圭	2 824 644
12	巴拉圭	476 547	12	墨西哥	2 235 775
13	墨西哥	391 745	13	德国	1 974 390
14	德国	378 994	14	巴拉圭	1 821 140
15	法国	289 014	15	法国	1 486 513
16	西班牙	284 379	16	西班牙	1 420 657
17	比利时	199 275	17	意大利	963 755
18	英国	187 175	18	比利时	948 264
19	意大利	185 327	19	英国	801 285
20	中国香港	169 078	20	尼加拉瓜	713 725
46	**中国**	**14 371**	43	**中国**	**64 773**

9-6　绵羊肉进口及排名

位次	国家（地区）	进口数量（吨）	位次	国家（地区）	进口金额（千美元）
	世界	1 217 087		世界	9 423 887
1	**中国**	**357 592**	1	**中国**	**2 074 462**
2	美国	144 013	2	美国	1 520 993
3	法国	113 683	3	法国	915 260
4	英国	54 352	4	德国	430 679
5	马来西亚	43 089	5	英国	422 051
6	阿拉伯联合酋长国	42 457	6	荷兰	387 107
7	德国	38 818	7	阿拉伯联合酋长国	321 302
8	荷兰	33 554	8	马来西亚	289 956
9	加拿大	28 384	9	加拿大	266 944
10	意大利	26 406	10	韩国	239 205
11	巴布亚新几内亚	24 272	11	日本	233 354
12	沙特阿拉伯	23 852	12	比利时	191 540
13	韩国	23 643	13	意大利	190 724
14	卡塔尔	23 331	14	沙特阿拉伯	177 278
15	日本	22 009	15	卡塔尔	167 369
16	比利时	17 323	16	中国台湾	106 966
17	中国台湾	16 106	17	瑞士	102 937
18	新加坡	13 311	18	科威特	100 848
19	科威特	13 119	19	新加坡	92 877
20	阿曼	10 058	20	瑞典	89 156

9-7 绵羊肉出口及排名

位次	国家（地区）	出口数量（吨）	位次	国家（地区）	出口金额（千美元）
	世界	1 226 264		世界	8 982 781
1	澳大利亚	458 470	1	澳大利亚	3 208 514
2	新西兰	374 285	2	新西兰	2 746 165
3	英国	75 308	3	英国	609 169
4	爱尔兰	56 007	4	爱尔兰	450 146
5	西班牙	45 492	5	荷兰	376 811
6	法国	40 842	6	法国	335 959
7	荷兰	33 465	7	西班牙	298 926
8	乌拉圭	17 536	8	比利时	131 078
9	比利时	10 733	9	乌拉圭	99 242
10	坦桑尼亚	10 548	10	德国	77 018
11	哈萨克斯坦	10 360	11	印度	64 713
12	苏丹	9 861	12	希腊	55 351
13	印度	9 191	13	苏丹	52 264
14	肯尼亚	8 117	14	坦桑尼亚	46 700
15	希腊	7 901	15	智利	42 859
16	智利	5 719	16	哈萨克斯坦	41 291
17	德国	5 417	17	肯尼亚	35 495
18	土耳其	5 208	18	意大利	33 066
19	意大利	4 946	19	土耳其	32 244
20	南非	4 331	20	南非	31 870
29	**中国**	**1 279**	25	**中国**	**15 151**

9-8　山羊肉进口及排名

位次	国家（地区）	进口数量（吨）	位次	国家（地区）	进口金额（千美元）
	世界	73 843		世界	494 870
1	美国	20 882	1	美国	153 809
2	阿拉伯联合酋长国	20 495	2	阿拉伯联合酋长国	128 021
3	沙特阿拉伯	6 882	3	沙特阿拉伯	44 282
4	韩国	3 322	4	韩国	33 443
5	比利时	2 386	5	葡萄牙	17 275
6	中国台湾	2 173	6	中国台湾	15 856
7	加拿大	2 149	7	加拿大	15 715
8	葡萄牙	1 956	8	特立尼达和多巴哥	9 799
9	阿曼	1 766	9	意大利	9 740
10	法国	1 413	10	中国香港	8 961
11	英国	1 338	11	法国	8 438
12	意大利	1 095	12	阿曼	8 027
13	特立尼达和多巴哥	1 061	13	英国	6 936
14	罗马尼亚	841	14	日本	4 249
15	中国香港	828	15	卡塔尔	2 938
16	卡塔尔	534	16	西班牙	2 631
17	日本	459	17	瑞士	2 586
18	巴林	428	18	中非	2 367
19	科威特	402	19	巴林	2 011
20	中非	316	20	科威特	1 797
21	**中国**	**292**	21	**中国**	**1 762**

9－9 山羊肉出口及排名

位次	国家（地区）	出口数量（吨）	位次	国家（地区）	出口金额（千美元）
	世界	61 369		世界	404 404
1	澳大利亚	21 342	1	澳大利亚	181 412
2	埃塞俄比亚	13 399	2	埃塞俄比亚	82 226
3	肯尼亚	11 100	3	肯尼亚	49 415
4	西班牙	3 576	4	西班牙	21 018
5	法国	2 026	5	法国	18 332
6	蒙古	1 632	6	希腊	10 762
7	希腊	1 558	7	新西兰	6 898
8	坦桑尼亚	1 166	8	坦桑尼亚	4 881
9	荷兰	990	9	荷兰	4 425
10	新西兰	825	10	**中国**	**4 178**
11	阿拉伯联合酋长国	506	11	蒙古	4 104
12	意大利	483	12	意大利	3 138
13	苏丹	384	13	苏丹	2 464
14	**中国**	**328**	14	阿拉伯联合酋长国	2 169
15	喀麦隆	301	15	喀麦隆	2 028
16	阿根廷	273	16	巴基斯坦	1 018
17	比利时	246	17	墨西哥	848
18	美国	223	18	比利时	742
19	印度	184	19	罗马尼亚	649
20	罗马尼亚	134	20	葡萄牙	590

9-10 鸡肉进口及排名

位次	国家（地区）	进口数量（吨）	位次	国家（地区）	进口金额（千美元）
	世界	14 333 898		世界	31 179 536
1	**中国**	**1 298 211**	1	**中国**	**4 108 042**
2	墨西哥	1 047 431	2	英国	1 761 965
3	荷兰	619 336	3	法国	1 582 788
4	阿拉伯联合酋长国	615 448	4	日本	1 541 120
5	日本	574 509	5	德国	1 524 674
6	沙特阿拉伯	513 696	6	沙特阿拉伯	1 433 343
7	德国	494 002	7	墨西哥	1 364 569
8	法国	478 528	8	荷兰	1 352 793
9	伊拉克	452 914	9	阿拉伯联合酋长国	1 252 796
10	英国	444 974	10	伊拉克	900 408
11	菲律宾	342 864	11	中国香港	580 713
12	古巴	314 657	12	加拿大	459 759
13	安哥拉	308 123	13	韩国	449 730
14	南非	290 743	14	新加坡	447 946
15	越南	267 072	15	比利时	447 737
16	加纳	235 395	16	美国	416 716
17	中国台湾	217 714	17	安哥拉	405 405
18	中国香港	215 834	18	菲律宾	392 592
19	比利时	207 627	19	古巴	381 883
20	新加坡	197 592	20	科威特	370 668

9-11　鸡肉出口及排名

位次	国家（地区）	出口数量（吨）	位次	国家（地区）	出口金额（千美元）
	世界	15 374 016		世界	8 686 206
1	巴西	4 364 053	1	巴西	4 968 253
2	美国	3 745 962	2	美国	2 984 561
3	荷兰	1 090 000	3	荷兰	2 835 167
4	波兰	1 041 906	4	波兰	1 142 335
5	土耳其	664 826	5	泰国	1 066 873
6	比利时	417 165	6	土耳其	1 037 399
7	乌克兰	413 441	7	比利时	841 554
8	泰国	357 091	8	乌克兰	799 388
9	德国	323 859	9	德国	597 818
10	法国	250 238	**10**	**中国**	**538 369**
11	英国	229 516	11	法国	526 099
12	**中国**	**226 704**	12	智利	476 671
13	俄罗斯	217 079	13	俄罗斯	383 565
14	白俄罗斯	183 145	14	白俄罗斯	364 988
15	阿根廷	179 622	15	西班牙	316 831
16	西班牙	146 070	16	匈牙利	298 838
17	智利	143 670	17	阿根廷	249 218
18	匈牙利	127 473	18	意大利	247 902
19	阿拉伯联合酋长国	94 007	19	英国	229 433
20	意大利	84 532	20	阿拉伯联合酋长国	222 011

9-12 火鸡肉进口及排名

位次	国家（地区）	进口数量（吨）	位次	国家（地区）	进口金额（千美元）
	世界	797 775		世界	2 744 575
1	墨西哥	102 577	1	墨西哥	350 505
2	德国	89 620	2	德国	339 264
3	贝宁	47 359	3	法国	136 786
4	美国	38 662	4	美国	136 451
5	比利时	32 391	5	西班牙	134 350
6	法国	31 724	6	奥地利	128 704
7	西班牙	29 933	7	英国	128 647
8	奥地利	25 714	8	比利时	126 893
9	英国	24 007	9	意大利	103 435
10	意大利	23 772	10	葡萄牙	85 906
11	荷兰	22 206	11	捷克	80 036
12	葡萄牙	20 753	12	荷兰	76 646
13	罗马尼亚	20 708	13	罗马尼亚	71 303
14	捷克	18 321	14	智利	66 313
15	**中国**	**18 226**	15	希腊	59 091
16	波兰	15 879	16	**中国**	**58 069**
17	刚果	14 380	17	爱尔兰	43 058
18	希腊	13 506	18	瑞士	42 692
19	南非	12 618	19	贝宁	39 241
20	加纳	11 992	20	丹麦	28 408

9-13　火鸡肉出口及排名

位次	国家（地区）	出口数量（吨）	位次	国家（地区）	出口金额（千美元）
	世界	778 252		世界	2 740 925
1	波兰	168 006	1	波兰	663 160
2	美国	133 708	2	美国	412 394
3	德国	89 762	3	德国	369 754
4	巴西	56 898	4	巴西	183 504
5	法国	46 813	5	智利	174 137
6	西班牙	44 644	6	法国	141 578
7	意大利	37 671	7	意大利	136 790
8	匈牙利	28 533	8	西班牙	134 603
9	智利	28 220	9	匈牙利	117 470
10	加拿大	24 007	10	荷兰	64 907
11	荷兰	19 968	11	加拿大	50 365
12	俄罗斯	18 146	12	奥地利	43 607
13	比利时	10 880	13	俄罗斯	35 977
14	英国	9 091	14	比利时	27 427
15	葡萄牙	7 527	15	爱尔兰	20 419
16	土耳其	7 447	16	土耳其	17 770
17	奥地利	7 239	17	乌克兰	17 299
18	爱尔兰	5 518	18	英国	15 447
19	泰国	4 982	19	泰国	13 938
20	乌克兰	3 788	20	葡萄牙	13 208

9-14 鸭肉进口及排名

位次	国家（地区）	进口数量（吨）	位次	国家（地区）	进口金额（千美元）
	世界	162 183		世界	774 945
1	德国	31 267	1	德国	147 141
2	中国香港	20 716	2	法国	100 050
3	英国	20 070	3	英国	86 895
4	法国	13 763	4	中国香港	54 131
5	比利时	9 366	5	西班牙	42 153
6	捷克	7 349	6	比利时	38 566
7	日本	6 728	7	日本	34 679
8	西班牙	6 450	8	捷克	30 367
9	丹麦	4 550	9	丹麦	25 016
10	朝鲜	4 000	10	奥地利	19 641
11	荷兰	3 303	11	瑞士	16 440
12	奥地利	2 986	12	荷兰	15 819
13	中国澳门	2 778	13	意大利	14 746
14	新加坡	2 467	14	罗马尼亚	13 425
15	意大利	2 377	15	美国	11 240
16	罗马尼亚	2 317	16	新加坡	10 046
17	葡萄牙	2 040	17	斯洛伐克	9 255
18	立陶宛	1 465	18	葡萄牙	8 732
19	斯洛伐克	1 411	19	匈牙利	8 577
20	加拿大	1 410	20	加拿大	7 503
77	**中国**	**25**	94	**中国**	**59**

9-15 鸭肉出口及排名

位次	国家（地区）	出口数量（吨）	位次	国家（地区）	出口金额（千美元）
	世界	156 630		世界	755 583
1	**中国**	**37 031**	1	匈牙利	138 561
2	匈牙利	29 088	2	保加利亚	127 548
3	荷兰	20 542	3	法国	124 021
4	法国	15 741	4	**中国**	**83 011**
5	波兰	14 051	5	波兰	67 682
6	保加利亚	12 654	6	荷兰	67 673
7	德国	5 436	7	德国	27 419
8	美国	3 786	8	比利时	21 358
9	巴西	2 940	9	美国	16 309
10	泰国	2 848	10	泰国	13 360
11	捷克	2 184	11	加拿大	13 212
12	比利时	2 159	12	捷克	12 083
13	葡萄牙	1 605	13	巴西	10 969
14	加拿大	900	14	葡萄牙	4 076
15	爱尔兰	637	15	奥地利	3 890
16	马来西亚	624	16	西班牙	3 295
17	西班牙	487	17	马来西亚	2 911
18	奥地利	425	18	丹麦	2 903
19	新加坡	408	19	斯洛伐克	2 384
20	丹麦	386	20	爱尔兰	1 880

9-16　鹅肉进口及排名

位次	国家（地区）	进口数量（吨）	位次	国家（地区）	进口金额（千美元）
	世界	40 052		世界	292 968
1	中国香港	16 199	1	德国	144 427
2	德国	14 341	2	中国香港	90 278
3	法国	2 053	3	法国	12 888
4	奥地利	1 236	4	奥地利	9 676
5	捷克	967	5	捷克	7 658
6	荷兰	786	6	中国澳门	3 795
7	中国澳门	722	7	英国	3 618
8	英国	698	8	意大利	3 567
9	意大利	438	9	匈牙利	2 596
10	索马里	406	10	比利时	2 336
11	比利时	403	11	荷兰	1 644
12	匈牙利	301	12	丹麦	1 401
13	罗马尼亚	185	13	索马里	1 066
14	丹麦	165	14	罗马尼亚	976
15	西班牙	151	15	斯洛伐克	948
16	斯洛伐克	126	16	瑞士	761
17	希腊	101	17	西班牙	684
18	瑞典	81	18	希腊	526
19	阿拉伯联合酋长国	74	19	瑞典	511
20	瑞士	66	20	爱尔兰	302

9－17 鹅肉出口及排名

位次	国家（地区）	出口数量（吨）	位次	国家（地区）	出口金额（千美元）
	世界	38 891		世界	299 661
1	**中国**	**14 939**	1	波兰	122 546
2	波兰	14 050	2	**中国**	**85 186**
3	匈牙利	7 599	3	匈牙利	80 144
4	阿拉伯联合酋长国	735	4	比利时	2 964
5	比利时	388	5	德国	2 370
6	德国	327	6	阿拉伯联合酋长国	2 347
7	中国香港	145	7	法国	942
8	南非	103	8	中国香港	657
9	荷兰	93	9	奥地利	501
10	法国	69	10	丹麦	427
11	罗马尼亚	65	11	荷兰	254
12	丹麦	48	12	斯洛文尼亚	193
13	奥地利	48	13	罗马尼亚	187
14	马来西亚	45	14	西班牙	113
15	巴林	36	15	南非	96
16	西班牙	33	16	保加利亚	91
17	斯洛文尼亚	25	17	加拿大	90
18	保加利亚	23	18	马来西亚	84
19	立陶宛	21	19	巴林	68
20	意大利	17	20	美国	63

9-18　兔肉进口及排名

位次	国家（地区）	进口数量（吨）	位次	国家（地区）	进口金额（千美元）
	世界	22 044		世界	110 791
1	德国	4 336	1	德国	25 986
2	比利时	2 867	2	比利时	11 590
3	西班牙	2 388	3	葡萄牙	9 199
4	葡萄牙	1 903	4	西班牙	7 118
5	美国	1 391	5	意大利	6 907
6	意大利	1 338	6	波兰	6 413
7	捷克	1 181	7	美国	6 206
8	波兰	1 016	8	捷克	6 063
9	法国	761	9	瑞士	5 588
10	荷兰	724	10	法国	4 106
11	瑞士	671	11	荷兰	3 992
12	英国	530	12	英国	2 637
13	保加利亚	450	13	斯洛伐克	2 371
14	斯洛伐克	402	14	保加利亚	2 059
15	加拿大	285	15	卢森堡	1 614
16	奥地利	275	16	罗马尼亚	1 315
17	罗马尼亚	251	17	加拿大	1 108
18	卢森堡	187	18	立陶宛	943
19	立陶宛	161	19	奥地利	854
20	希腊	132	20	马耳他	640

9－19 兔肉出口及排名

位次	国家（地区）	出口数量（吨）	位次	国家（地区）	出口金额（千美元）
	世界	27 012		世界	125 955
1	西班牙	7 722	1	西班牙	27 850
2	匈牙利	4 422	2	匈牙利	27 317
3	法国	3 731	3	法国	18 701
4	**中国**	**3 726**	4	比利时	16 343
5	比利时	2 641	5	**中国**	**16 076**
6	意大利	1 310	6	意大利	5 208
7	阿根廷	823	7	波兰	3 547
8	波兰	705	8	阿根廷	3 135
9	荷兰	494	9	荷兰	2 197
10	加拿大	373	10	德国	1 140
11	捷克	234	11	捷克	1 028
12	德国	206	12	加拿大	958
13	美国	201	13	葡萄牙	726
14	葡萄牙	177	14	乌拉圭	402
15	乌拉圭	72	15	美国	279
16	南非	62	16	智利	179
17	智利	21	17	爱尔兰	164
18	爱尔兰	20	18	卢森堡	147
19	拉脱维亚	18	19	拉脱维亚	140
20	立陶宛	16	20	立陶宛	140

9-20 带壳鸡蛋进口及排名

位次	国家（地区）	进口数量（吨）	位次	国家（地区）	进口金额（千美元）
	世界	2 217 779		世界	4 717 146
1	荷兰	393 021	1	德国	683 914
2	德国	316 948	2	荷兰	504 192
3	比利时	185 842	3	中国香港	270 371
4	中国香港	172 317	4	墨西哥	261 374
5	阿拉伯联合酋长国	113 754	5	新加坡	209 008
6	新加坡	107 742	6	比利时	185 028
7	法国	69 925	7	俄罗斯	168 660
8	墨西哥	64 438	8	阿拉伯联合酋长国	159 037
9	意大利	57 856	9	加拿大	158 944
10	卡塔尔	38 482	10	法国	144 625
11	加拿大	34 030	11	伊拉克	132 283
12	阿曼	32 760	12	沙特阿拉伯	118 941
13	伊拉克	30 953	13	意大利	98 567
14	俄罗斯	27 501	14	英国	80 879
15	英国	27 161	15	美国	79 327
16	捷克	26 709	16	阿曼	62 218
17	瑞士	24 746	17	匈牙利	60 391
18	匈牙利	23 540	18	卡塔尔	59 293
19	希腊	22 425	19	瑞士	59 081
20	拉脱维亚	19 305	20	捷克	57 673

9-21 带壳鸡蛋出口及排名

位次	国家（地区）	出口数量（吨）	位次	国家（地区）	出口金额（千美元）
	世界	1 849 353		世界	4 579 084
1	荷兰	237 632	1	荷兰	859 724
2	波兰	226 949	2	美国	542 022
3	土耳其	221 692	3	波兰	442 266
4	德国	115 141	4	土耳其	393 081
5	**中国**	**107 255**	5	德国	297 598
6	美国	106 461	6	西班牙	227 368
7	比利时	99 054	7	**中国**	**194 350**
8	西班牙	92 487	8	比利时	192 226
9	马来西亚	72 445	9	马来西亚	150 039
10	白俄罗斯	38 992	10	英国	107 192
11	拉脱维亚	36 766	11	法国	90 896
12	印度	34 119	12	巴西	83 493
13	约旦	32 699	13	捷克	72 257
14	日本	30 602	14	拉脱维亚	65 584
15	捷克	28 595	15	日本	63 963
16	法国	24 762	16	匈牙利	61 659
17	俄罗斯	24 705	17	白俄罗斯	61 002
18	泰国	23 396	18	保加利亚	56 728
19	保加利亚	23 244	19	印度	51 792
20	罗马尼亚	22 326	20	爱尔兰	42 686

9－22 全脂奶粉进口及排名

位次	国家（地区）	进口数量（吨）	位次	国家（地区）	进口金额（千美元）
	世界	3 021 058		世界	13 466 300
1	**中国**	**699 942**	1	**中国**	**3 081 458**
2	阿尔及利亚	249 949	2	阿尔及利亚	1 111 387
3	阿拉伯联合酋长国	196 248	3	阿拉伯联合酋长国	726 232
4	印度尼西亚	94 455	4	中国香港	485 741
5	墨西哥	83 285	5	印度尼西亚	393 136
6	孟加拉国	82 887	6	孟加拉国	366 464
7	巴西	81 955	7	巴西	349 584
8	阿曼	75 189	8	沙特阿拉伯	340 038
9	泰国	74 641	9	墨西哥	335 322
10	沙特阿拉伯	71 708	10	阿曼	327 166
11	比利时	69 257	11	泰国	303 594
12	新加坡	59 120	12	比利时	292 727
13	马来西亚	46 293	13	新加坡	235 513
14	德国	43 162	14	马来西亚	210 811
15	荷兰	42 595	15	德国	201 678
16	澳大利亚	40 308	16	委内瑞拉	200 000
17	索马里	39 648	17	意大利	188 172
18	尼日利亚	38 969	18	尼日利亚	180 884
19	越南	38 144	19	荷兰	180 798
20	意大利	37 754	20	澳大利亚	174 959

9-23 全脂奶粉出口及排名

位次	国家（地区）	出口数量（吨）	位次	国家（地区）	出口金额（千美元）
	世界	2 663 707		世界	11 431 800
1	新西兰	1 327 672	1	新西兰	5 388 462
2	阿拉伯联合酋长国	188 231	2	荷兰	727 172
3	阿根廷	151 400	3	阿拉伯联合酋长国	672 104
4	荷兰	133 362	4	阿根廷	602 695
5	乌拉圭	130 148	5	乌拉圭	521 025
6	德国	83 859	6	德国	379 643
7	法国	75 337	7	中国香港	353 496
8	澳大利亚	57 554	8	法国	347 671
9	爱尔兰	48 021	9	澳大利亚	292 424
10	丹麦	41 123	10	爱尔兰	220 760
11	新加坡	41 070	11	丹麦	191 383
12	美国	38 730	12	比利时	163 007
13	比利时	37 567	13	新加坡	160 118
14	白俄罗斯	29 057	14	美国	150 087
15	瑞典	25 626	15	英国	136 371
16	英国	24 390	16	白俄罗斯	114 520
17	马来西亚	20 665	17	瑞典	107 155
18	越南	17 901	18	马来西亚	92 117
19	中国香港	16 556	19	越南	72 165
20	波兰	14 470	20	波兰	66 427
39	**中国**	**2 939**	37	**中国**	**13 721**

9-24 原毛进口及排名

位次	国家（地区）	进口数量（吨）	位次	国家（地区）	进口金额（千美元）
	世界	403 052		世界	2 766 689
1	**中国**	**230 345**	1	**中国**	**2 136 323**
2	印度	40 521	2	意大利	174 869
3	斯威士兰	30 144	3	印度	171 005
4	捷克	28 230	4	捷克	127 599
5	意大利	14 144	5	保加利亚	42 682
6	乌拉圭	10 055	6	南非	36 659
7	英国	8 783	7	乌拉圭	30 104
8	保加利亚	7 938	8	英国	9 060
9	比利时	5 834	9	毛里求斯	8 519
10	土耳其	5 756	10	尼泊尔	4 406
11	南非	5 506	11	比利时	3 936
12	巴基斯坦	2 998	12	德国	3 821
13	葡萄牙	2 207	13	西班牙	2 736
14	西班牙	2 094	14	巴基斯坦	2 481
15	突尼斯	1 739	15	土耳其	2 353
16	尼泊尔	1 656	16	美国	1 749
17	毛里求斯	1 045	17	葡萄牙	1 519
18	德国	985	18	澳大利亚	1 404
19	美国	519	19	罗马尼亚	1 130
20	摩尔多瓦	354	20	波兰	745

9-25 原毛出口及排名

位次	国家（地区）	出口数量（吨）	位次	国家（地区）	出口金额（千美元）
	世界	512 490		世界	2 681 132
1	澳大利亚	308 676	1	澳大利亚	2 115 334
2	南非	72 106	2	南非	256 474
3	新西兰	23 530	3	新西兰	108 950
4	西班牙	10 432	4	莱索托	36 122
5	乌拉圭	7 033	5	乌拉圭	27 515
6	英国	6 650	6	阿根廷	23 725
7	罗马尼亚	5 872	7	西班牙	15 206
8	阿根廷	5 594	8	美国	12 515
9	莱索托	5 336	9	智利	12 472
10	突尼斯	4 982	10	英国	11 302
11	意大利	4 567	11	巴西	10 015
12	智利	4 528	12	爱尔兰	5 174
13	爱尔兰	4 484	13	法国	4 106
14	法国	4 320	14	突尼斯	3 558
15	美国	3 788	15	意大利	3 554
16	巴西	3 750	16	德国	3 529
17	阿尔及利亚	3 198	17	秘鲁	3 503
18	比利时	3 081	18	肯尼亚	3 381
19	挪威	3 018	19	比利时	3 187
20	叙利亚	3 011	20	挪威	2 590

十、2022年世界畜产品生产情况

10-1　肉类总产量及排名

位次	国家（地区）	肉类总产量（吨）
	世界	360 617 707
1	**中国**	**92 948 518**
2	美国	47 530 725
3	巴西	30 397 943
4	俄罗斯	12 244 950
5	印度	10 644 195
6	墨西哥	7 891 059
7	西班牙	7 562 137
8	德国	7 026 648
9	阿根廷	6 339 574
10	巴基斯坦	5 248 574
11	加拿大	5 213 636
12	法国	5 106 483
13	波兰	5 091 000
14	印度尼西亚	4 985 907
15	越南	4 730 439
16	土耳其	4 669 652
17	澳大利亚	4 471 332
18	英国	4 220 672
19	日本	4 163 305
20	南非	3 534 461

10－2 猪肉生产及排名

位次	国家（地区）	屠宰数（头）	国家（地区）	胴体重（千克/头）	国家（地区）	产量（吨）
	世界	1 491 997 360	世界	82.2	世界	122 585 397
1	**中国**	**699 950 000**	圣卢西亚	165.0	**中国**	**55 410 000**
2	美国	125 400 200	波多黎各	134.0	美国	12 251 984
3	西班牙	56 657 420	黑山	121.4	巴西	5 186 303
4	巴西	56 465 504	意大利	119.5	西班牙	5 066 350
5	越南	51 108 515	坦桑尼亚	116.8	俄罗斯	4 532 147
6	俄罗斯	48 005 791	厄瓜多尔	111.1	德国	4 491 710
7	德国	47 169 090	乌兹别克斯坦	107.4	越南	3 102 000
8	法国	22 975 000	智利	105.5	加拿大	2 262 744
9	加拿大	21 820 100	加拿大	103.7	法国	2 152 260
10	菲律宾	21 065 082	马来西亚	102.9	波兰	1 804 960
11	墨西哥	20 894 799	中国台湾	102.1	墨西哥	1 730 051
12	波兰	19 366 080	巴拉圭	99.9	荷兰	1 683 580
13	韩国	18 556 000	荷兰	99.4	丹麦	1 609 480
14	丹麦	17 792 380	比利时	98.1	韩国	1 419 000
15	荷兰	16 931 840	美国	97.7	日本	1 293 274
16	日本	16 577 133	奥地利	97.4	意大利	1 254 950
17	马拉维	12 433 469	斯洛文尼亚	97.2	菲律宾	1 215 983
18	泰国	11 827 495	南非	95.5	英国	1 043 000
19	英国	11 425 000	德国	95.2	比利时	1 032 290
20	比利时	10 521 220	瑞典	95.1	泰国	890 736
39			**中国**	**88.1**		

10－3 牛肉生产及排名

位次	国家（地区）	屠宰数（头）	国家（地区）	胴体重（千克/头）	国家（地区）	产量（吨）
	世界	336 611 771	世界	226.5	世界	76 249 600
1	**中国**	**52 932 010**	日本	450.0	美国	12 890 324
2	巴西	42 250 000	新加坡	428.8	巴西	10 350 000
3	美国	34 813 000	印度尼西亚	423.0	**中国**	**7 836 429**
4	巴基斯坦	18 105 000	中国澳门	383.6	印度	4 350 000
5	阿根廷	13 498 733	美国	370.3	阿根廷	3 133 103
6	印度	11 817 564	加拿大	369.9	巴基斯坦	2 454 000
7	墨西哥	8 666 993	印度	368.1	墨西哥	2 175 577
8	俄罗斯	7 550 535	卢森堡	366.6	澳大利亚	1 878 088
9	澳大利亚	6 114 700	以色列	334.3	俄罗斯	1 620 730
10	乌兹别克斯坦	5 663 107	德国	329.2	土耳其	1 586 333
11	土耳其	5 542 774	奥地利	328.8	加拿大	1 378 656
12	新西兰	4 593 971	英国	328.4	法国	1 361 310
13	乍得	4 398 071	埃及	326.8	乌兹别克斯坦	1 028 183
14	法国	4 260 340	芬兰	325.8	南非	1 008 270
15	埃塞俄比亚	3 865 289	爱尔兰	325.1	德国	994 910
16	坦桑尼亚	3 779 198	韩国	325.1	英国	925 000
17	加拿大	3 727 200	瑞典	324.6	西班牙	731 530
18	苏丹	3 595 622	科威特	323.0	新西兰	727 962
19	尼日利亚	3 312 633	法国	319.5	津巴布韦	724 952
20	南非	3 258 929	比利时	315.4	哥伦比亚	717 977
136			**中国**	**148.0**		

10－4 水牛肉生产及排名

位次	国家（地区）	屠宰数（头）	国家（地区）	胴体重（千克/头）	国家（地区）	产量（吨）
	世界	27 971 519	世界	246.8	世界	6 903 484
1	印度	11 817 564	马来西亚	450.0	印度	4 350 000
2	巴基斯坦	8 352 000	印度	368.1	巴基斯坦	1 185 000
3	**中国**	**4 532 010**	埃及	329.9	**中国**	**656 429**
4	尼泊尔	670 488	泰国	305.4	埃及	197 278
5	埃及	598 020	尼泊尔	289.5	尼泊尔	194 090
6	菲律宾	456 422	文莱	237.9	越南	65 800
7	越南	384 408	委内瑞拉	227.1	菲律宾	65 136
8	老挝	197 168	哥伦比亚	218.6	缅甸	27 183
9	缅甸	196 323	土耳其	218.1	老挝	21 710
10	印度尼西亚	120 643	中国台湾	201.8	印度尼西亚	21 120
11	意大利	111 799	伊朗	198.6	委内瑞拉	17 945
12	孟加拉国	87 149	伊拉克	181.4	泰国	17 200
13	委内瑞拉	79 000	印度尼西亚	175.1	土耳其	13 586
14	斯里兰卡	73 363	越南	171.2	哥伦比亚	8 378
15	土耳其	62 285	叙利亚	155.6	斯里兰卡	8 290
16	泰国	56 324	柬埔寨	153.5	柬埔寨	7 445
17	柬埔寨	48 503	**中国**	**144.8**	孟加拉国	6 972
18	哥伦比亚	38 323	菲律宾	142.7	伊朗	6 668
19	伊朗	33 570	巴基斯坦	141.9	伊拉克	5 457
20	伊拉克	30 086	缅甸	138.5	马来西亚	4 072

10－5　山羊肉生产及排名

位次	国家（地区）	屠宰数（头）	国家（地区）	胴体重（千克/头）	国家（地区）	产量（吨）
	世界	504 135 884	世界	12.6	世界	6 367 497
1	**中国**	**157 288 195**	厄瓜多尔	35.0	**中国**	**2 487 701**
2	印度	55 046 729	科威特	35.0	印度	550 615
3	巴基斯坦	45 418 000	马来西亚	35.0	巴基斯坦	532 000
4	孟加拉国	31 601 526	卢旺达	35.0	尼日利亚	277 847
5	尼日利亚	28 134 083	斯里兰卡	35.0	孟加拉国	221 211
6	埃塞俄比亚	16 360 502	中国台湾	29.3	乍得	148 279
7	苏丹	13 220 219	卡塔尔	28.4	埃塞俄比亚	137 675
8	乍得	12 354 988	卢森堡	27.8	蒙古	121 089
9	蒙古	8 598 835	吉尔吉斯斯坦	26.7	苏丹	117 899
10	马拉维	8 250 445	巴勒斯坦	25.3	土耳其	115 938
11	也门	7 848 815	阿曼	23.8	也门	90 628
12	印度尼西亚	7 081 825	波兰	23.2	坦桑尼亚	75 400
13	尼泊尔	7 074 507	阿拉伯叙利亚共和国	22.9	尼泊尔	74 241
14	肯尼亚	6 400 000	埃及	22.5	肯尼亚	74 000
15	土耳其	6 112 179	尼日尔	22.5	马拉维	70 042
16	布基纳法索	4 482 000	坦桑尼亚	21.5	印度尼西亚	63 658
17	阿富汗	3 657 826	塞浦路斯	20.5	阿拉伯联合酋长国	57 294
18	阿拉伯联合酋长国	3 578 037	玻利维亚	20.1	阿富汗	47 562
19	坦桑尼亚	3 512 132	中非	19.6	墨西哥	40 826
20	巴西	3 464 181	爱沙尼亚	19.6	巴西	39 891
48			**中国**	**15.8**		

10-6 绵羊肉生产及排名

位次	国家（地区）	屠宰数（头）	国家（地区）	胴体重（千克/头）	国家（地区）	产量（吨）
	世界	637 269 688	世界	16.1	世界	10 272 315
1	**中国**	**206 111 979**	津巴布韦	70.6	**中国**	**2 678 492**
2	澳大利亚	28 032 400	马来西亚	50.0	澳大利亚	706 905
3	印度	23 364 016	卢旺达	50.0	土耳其	489 354
4	新西兰	21 643 551	以色列	40.5	新西兰	436 975
5	土耳其	21 563 828	叙利亚	39.5	阿尔及利亚	344 937
6	尼日利亚	18 856 195	埃及	38.3	英国	291 000
7	阿尔及利亚	18 032 081	黑山	37.1	印度	280 395
8	苏丹	15 558 735	巴巴多斯	35.3	苏丹	273 927
9	巴基斯坦	15 343 000	日本	31.7	伊朗	254 832
10	英国	13 953 000	南非	31.0	巴基斯坦	250 000
11	伊朗	13 326 128	贝宁	30.5	乍得	222 402
12	摩洛哥	12 829 054	斐济	30.1	蒙古	193 668
13	乍得	12 355 701	阿曼	29.9	俄罗斯联邦	191 867
14	俄罗斯	10 748 615	巴勒斯坦	29.0	叙利亚	185 044
15	蒙古	10 530 761	不丹	28.6	摩洛哥	163 981
16	埃塞俄比亚	10 492 142	尼日尔	28.5	乌兹别克斯坦	157 510
17	西班牙	9 333 300	美国	28.5	哈萨克斯坦	155 670
18	乌兹别克斯坦	9 291 128	吉尔吉斯斯坦	27.6	南非	149 000
19	哈萨克斯坦	7 725 351	新加坡	27.0	尼日利亚	147 636
20	阿富汗	6 700 000	多哥	25.7	土库曼斯坦	128 070
130			**中国**	**13.0**		

10－7 鸡肉生产及排名

位次	国家（地区）	屠宰数（千只）	国家（地区）	胴体重（千克/只）	国家（地区）	产量（吨）
	世界	75 208 676	世界	1.6	世界	123 631 335
1	**中国**	**11 428 002**	莫桑比克	3.6	美国	19 599 212
2	美国	9 545 720	斐济	3.3	巴西	14 524 000
3	巴西	6 109 829	多民族玻利维亚国	3.3	**中国**	**14 300 000**
4	印度尼西亚	4 574 424	阿根廷	3.1	俄罗斯	5 308 201
5	印度	2 983 054	马拉维	3.0	印度	4 906 817
6	俄罗斯	2 529 742	卢旺达	3.0	印度尼西亚	4 040 989
7	墨西哥	2 071 504	日本	2.9	墨西哥	3 781 735
8	伊朗	1 880 121	苏丹	2.5	埃及	2 523 466
9	埃及	1 710 320	乌拉圭	2.4	土耳其	2 417 995
10	巴基斯坦	1 680 000	巴西	2.4	日本	2 371 643
11	土耳其	1 347 727	智利	2.3	阿根廷	2 319 000
12	泰国	1 299 615	尼加拉瓜	2.3	波兰	2 231 610
13	波兰	1 200 098	秘鲁	2.2	伊朗	2 089 644
14	菲律宾	1 196 972	厄瓜多尔	2.1	巴基斯坦	1 977 000
15	英国	1 128 000	俄罗斯联邦	2.1	南非	1 951 000
16	哥伦比亚	1 070 155	黎巴嫩	2.1	泰国	1 837 588
17	韩国	1 030 472	美利坚合众国	2.1	哥伦比亚	1 820 126
18	南非	997 757	洪都拉斯	2.0	英国	1 815 000
19	日本	821 705	塔吉克斯坦	2.0	秘鲁	1 801 776
20	马来西亚	809 643	塞浦路斯	2.0	马来西亚	1 607 791
99			**中国**	**1.3**		

10－8　火鸡肉生产及排名

位次	国家（地区）	屠宰数（千只）	国家（地区）	胴体重（千克/只）	国家（地区）	产量（吨）
	世界	515 228	世界	9.9	世界	5 081 498
1	美国	208 225	中国台湾	16.0	美国	2 368 797
2	波兰	40 974	智利	15.2	波兰	409 170
3	德国	30 526	德国	13.3	德国	406 000
4	法国	30 173	格鲁吉亚	12.4	法国	244 920
5	西班牙	27 391	英国	11.8	西班牙	231 590
6	摩洛哥	22 433	葡萄牙	11.7	意大利	211 130
7	意大利	20 455	美国	11.4	巴西	162 270
8	加拿大	19 276	斯洛文尼亚	11.1	加拿大	150 210
9	巴西	15 200	波斯尼亚	11.1	摩洛哥	120 000
10	以色列	13 606	匈牙利	10.9	英国	117 000
11	突尼斯	12 880	埃及	10.7	突尼斯	89 257
12	英国	9 900	巴西	10.7	以色列	87 959
13	阿根廷	6 622	意大利	10.3	智利	76 312
14	匈牙利	5 840	拉脱维亚	10.3	匈牙利	63 910
15	澳大利亚	5 611	捷克	10.3	土耳其	53 646
16	土耳其	5 593	波兰	10.0	葡萄牙	45 650
17	乌克兰	5 030	芬兰	9.9	阿根廷	31 646
18	智利	5 007	爱尔兰	9.9	埃及	24 735
19	葡萄牙	3 915	土耳其	9.6	乌克兰	23 400
20	马达加斯加	3 384	挪威	9.3	澳大利亚	18 928

10－9　鸭肉生产及排名

位次	国家（地区）	屠宰数（千只）	国家（地区）	胴体重（千克/只）	国家（地区）	产量（吨）
	世界	3 190 336	世界	1.9	世界	6 068 757
1	**中国**	**2 488 204**	西班牙	4.7	**中国**	**4 800 000**
2	越南	133 608	保加利亚	3.6	越南	182 249
3	孟加拉国	62 199	比利时	3.4	法国	117 840
4	印度尼西亚	51 033	丹麦	3.1	中国台湾	78 421
5	缅甸	49 665	马来西亚	3.1	泰国	74 697
6	法国	38 614	法国	3.1	马来西亚	70 067
7	中国台湾	34 102	多民族玻利维亚国	3.0	波兰	65 480
8	印度	33 704	约旦	2.9	埃及	64 818
9	波兰	29 088	韩国	2.8	美国	62 217
10	泰国	27 614	埃及	2.8	孟加拉国	62 199
11	美国	26 657	卡塔尔	2.8	缅甸	55 000
12	埃及	23 432	泰国	2.7	匈牙利	54 500
13	马来西亚	22 942	阿根廷	2.7	印度	43 848
14	匈牙利	21 297	希腊	2.6	韩国	42 402
15	韩国	15 000	葡萄牙	2.6	印度尼西亚	41 972
16	菲律宾	13 663	匈牙利	2.6	保加利亚	22 440
17	德国	9 674	南非	2.5	德国	22 000
18	英国	8 400	挪威	2.4	菲律宾	19 688
19	乌克兰	8 170	美国	2.3	英国	17 700
20	澳大利亚	7 498	意大利	2.3	乌克兰	16 400
33			**中国**	**1.9**		

10－10　鹅肉生产及排名

位次	国家（地区）	屠宰数（千只）	国家（地区）	胴体重（千克/只）	国家（地区）	产量（吨）
	世界	750 032	世界	5.9	世界	4 418 972
1	**中国**	**712 750**	**中国**	**6.0**	**中国**	**4 300 000**
2	缅甸	5 357	英国	4.7	中国台湾	14 455
3	埃及	4 372	加拿大	4.4	马达加斯加	12 757
4	马达加斯加	4 252	中国台湾	4.0	埃及	12 590
5	中国台湾	3 574	新西兰	4.0	缅甸	7 500
6	乌克兰	2 767	叙利亚	4.0	乌克兰	5 307
7	土耳其	1 536	南非	3.5	土耳其	3 841
8	伊朗	1 054	以色列	3.3	以色列	3 077
9	以色列	923	阿根廷	3.0	伊朗	2 636
10	德国	508	马达加斯加	3.0	英国	2 332
11	英国	498	埃及	2.9	加拿大	613
12	菲律宾	250	约旦	2.8	阿根廷	526
13	泰国	225	中国澳门	2.5	南非	509
14	哈萨克斯坦	200	伊朗	2.5	泰国	450
15	阿根廷	175	老挝	2.5	哈萨克斯坦	404
16	巴拉圭	153	毛里求斯	2.5	菲律宾	375
17	南非	145	土耳其	2.5	巴拉圭	316
18	加拿大	140	巴拉圭	2.1	老挝	286
19	老挝	114	哈萨克斯坦	2.0	新西兰	130
20	厄瓜多尔	50	泰国	2.0	厄瓜多尔	71

10-11 兔肉生产及排名

位次	国家（地区）	屠宰数（千只）	国家（地区）	胴体重（千克/只）	国家（地区）	产量（吨）
	世界	533 489	世界	1.4	世界	756 476
1	**中国**	**233 594**	摩尔多瓦	3.0	**中国**	**358 152**
2	朝鲜	116 374	俄罗斯	2.3	朝鲜	151 227
3	埃及	55 445	吉尔吉斯斯坦	2.2	埃及	66 559
4	西班牙	33 308	白俄罗斯	2.2	俄罗斯	17 990
5	法国	15 966	韩国	2.1	阿尔及利亚	8 353
6	阿尔及利亚	8 353	委内瑞拉	2.0	塞拉利昂	8 014
7	塞拉利昂	8 014	特立尼达	2.0	乌克兰	6 700
8	俄罗斯联邦	7 691	叙利亚	2.0	墨西哥	4 516
9	乌克兰	5 059	挪威	2.0	秘鲁	3 393
10	墨西哥	4 516	博茨瓦纳	1.8	哥伦比亚	3 209
11	秘鲁	2 836	毛里求斯	1.7	加蓬	2 092
12	哥伦比亚	2 466	哈萨克斯坦	1.6	阿根廷	1 433
13	加蓬	1 743	阿根廷	1.6	韩国	1 360
14	阿根廷	916	**中国**	**1.5**	摩尔多瓦	1 267
15	肯尼亚	886	乌拉圭	1.5	巴西	1 143
16	瑞士	878	印度尼西亚	1.5	厄瓜多尔	1 105
17	巴西	852	卢旺达	1.5	卢旺达	1 084
18	厄瓜多尔	778	乌兹别克斯坦	1.4	博茨瓦纳	1 073
19	卢旺达	741	厄瓜多尔	1.4	肯尼亚	1 063
20	马达加斯加	652	巴西	1.3	马达加斯加	783

10－12　蛋类总产量及排名

位次	国家（地区）	产蛋禽（千只）	国家（地区）	单产（千克/只）	国家（地区）	产量（吨）
	世界	8 060 532	世界	11.6	世界	93 171 447
1	**中国**	**3 019 185**	摩洛哥	32.5	**中国**	**33 970 446**
2	印度	461 045	哥斯达黎加	24.7	印度	6 571 249
3	印度尼西亚	424 591	伊拉克	23.0	美国	6 528 357
4	美国	379 304	冰岛	22.8	印度尼西亚	6 322 547
5	巴西	282 453	法属波利尼西亚	21.4	巴西	3 479 910
6	孟加拉国	269 963	阿曼	20.4	墨西哥	3 101 899
7	墨西哥	212 939	葡萄牙	20.0	日本	2 596 725
8	俄罗斯	156 284	德国	19.6	俄罗斯	2 585 685
9	菲律宾	137 792	日本	18.9	土耳其	1 238 033
10	日本	137 291	爱沙尼亚	18.9	泰国	1 126 307
11	泰国	133 254	格林纳达	18.8	巴基斯坦	1 080 064
12	巴基斯坦	121 300	乌拉圭	18.8	德国	985 700
13	尼日利亚	116 269	瑞士	18.1	阿根廷	841 038
14	土耳其	109 806	黎巴嫩	18.1	哥伦比亚	812 508
15	马来西亚	104 621	加拿大	17.7	伊朗	802 618
16	乌克兰	87 040	埃及	17.6	韩国	785 068
17	越南	82 739	秘鲁	17.3	菲律宾	764 135
18	韩国	77 688	约旦	17.3	孟加拉国	739 473
19	法国	65 700	美国	17.2	马来西亚	735 980
20	哥伦比亚	61 511	芬兰	17.1	乌克兰	692 335
61			**中国**	**11.3**		

10－13　带壳鸡蛋产量及排名

位次	国家（地区）	产蛋鸡（千只）	国家（地区）	单产（千克/只）	国家（地区）	产量（吨）
	世界	7 827 519	世界	11.1	世界	86 999 551
1	**中国**	**3 019 185**	摩洛哥	32.5	**中国**	**29 198 146**
2	印度	461 045	法属波利尼西亚	25.6	印度	6 571 249
3	美国	379 304	哥斯达黎加	24.7	美国	6 528 357
4	印度尼西亚	378 591	伊拉克	23.0	印度尼西亚	5 941 593
5	巴西	259 453	冰岛	22.8	巴西	3 342 410
6	墨西哥	212 939	阿曼	20.4	墨西哥	3 101 899
7	孟加拉国	201 463	葡萄牙	20.0	日本	2 596 725
8	俄罗斯	156 284	德国	19.6	俄罗斯	2 560 137
9	日本	137 291	日本	18.9	土耳其	1 238 033
10	菲律宾	128 392	爱沙尼亚	18.9	巴基斯坦	1 058 064
11	尼日利亚	116 269	格林纳达	18.8	德国	985 700
12	巴基斯坦	114 000	乌拉圭	18.8	阿根廷	841 038
13	土耳其	109 806	瑞士	18.1	哥伦比亚	812 508
14	马来西亚	103 421	黎巴嫩	18.1	伊朗	802 618
15	泰国	96 254	加拿大	17.7	韩国	753 068
16	乌克兰	87 040	埃及	17.6	泰国	726 307
17	越南	82 739	秘鲁	17.3	马来西亚	720 380
18	韩国	74 188	约旦	17.3	菲律宾	708 500
19	法国	65 700	美国	17.2	乌克兰	681 605
20	哥伦比亚	61 511	芬兰	17.1	尼日利亚	663 609
75			**中国**	**9.7**		

10－14 其他带壳禽蛋产量及排名

位次	国家（地区）	产蛋禽（千只）	国家（地区）	单产（千克/只）	国家（地区）	产量（吨）
	世界	233 013	世界	26.5	世界	6 171 896
1	孟加拉国	68 500	马来西亚	13.0	**中国**	**4 772 300**
2	印度尼西亚	46 000	泰国	10.8	泰国	400 000
3	泰国	37 000	韩国	9.1	印度尼西亚	380 954
4	纳米比亚	27 000	印度尼西亚	8.3	孟加拉国	239 600
5	巴西	23 000	新西兰	8.2	巴西	137 500
6	菲律宾	9 400	巴西	6.0	菲律宾	55 635
7	巴基斯坦	7 300	菲律宾	5.9	韩国	32 000
8	缅甸	4 442	尼泊尔	5.5	俄罗斯	25 548
9	韩国	3 500	海地	5.0	中国台湾	24 100
10	马达加斯加	2 550	柬埔寨	4.9	巴基斯坦	22 000
11	马来西亚	1 200	巴布亚新几内亚	4.8	缅甸	20 826
12	柬埔寨	820	缅甸	4.7	马来西亚	15 600
13	新加坡	580	塞舌尔	4.7	乌克兰	10 730
14	坦桑尼亚	530	老挝	4.2	英国	8 000
15	尼泊尔	302	巴拉圭	4.1	马达加斯加	4 800
16	巴拉圭	245	斯里兰卡	3.8	柬埔寨	4 000
17	新西兰	230	孟加拉国	3.5	乌兹别克斯坦	2 565
18	利比里亚	130	坦桑尼亚	3.5	白俄罗斯	2 300
19	海地	110	巴基斯坦	3.0	新西兰	1 880
20	老挝	95	法属波利尼西亚	2.5	坦桑尼亚	1 850

10－15　奶类总产量及排名

位次	国家（地区）	奶畜（头）	国家（地区）	单产（千克/头）	国家（地区）	产量（吨）
	世界	818 624 383	世界	1 136.4	世界	930 295 013
1	印度	133 658 423	美国	10 667.5	印度	213 779 229
2	**中国**	**61 198 348**	丹麦	10 187.1	美国	102 747 317
3	苏丹	52 122 603	加拿大	9 949.5	巴基斯坦	62 557 950
4	巴基斯坦	40 520 000	法罗群岛	9 712.6	**中国**	**39 914 927**
5	马里	37 140 642	捷克	9 364.4	巴西	35 944 054
6	土耳其	33 915 325	芬兰	9 288.3	俄罗斯	32 977 956
7	孟加拉国	31 464 800	瑞典	9 288.3	法国	25 028 850
8	阿尔及利亚	22 887 910	日本	8 840.1	土耳其	21 563 492
9	南苏丹	21 688 146	英国	8 400.3	新西兰	21 051 000
10	伊朗	21 655 928	韩国	7 907.9	英国	15 540 640
11	巴西	21 530 656	阿根廷	7 615.6	波兰	15 218 080
12	蒙古	16 812 213	拉脱维亚	7 184.5	荷兰	14 978 960
13	索马里	15 167 556	荷兰	7 092.3	意大利	13 971 690
14	印度尼西亚	13 879 205	立陶宛	6 531.7	墨西哥	13 728 428
15	叙利亚	13 803 831	瑞士	6 428.9	孟加拉国	13 074 000
16	埃塞俄比亚	13 748 066	匈牙利	6 321.2	阿根廷	11 904 142
17	肯尼亚	13 669 109	澳大利亚	6 308.3	乌兹别克斯坦	11 599 137
18	尼日尔	13 632 959	挪威	6 255.7	加拿大	9 742 541
19	坦桑尼亚	12 077 415	爱尔兰	6 030.7	爱尔兰	9 108 280
20	阿富汗	11 615 108	冰岛	5 925.8	西班牙	8 483 000
105			**中国**	**652.2**		

10-16 全脂鲜牛奶总产量及排名

位次	国家（地区）	奶畜（头）	国家（地区）	单产（千克/头）	国家（地区）	产量（吨）
	世界	277 363 150	世界	2 716.0	世界	753 320 578
1	印度	55 640 213	以色列	13 656.4	印度	108 371 300
2	巴基斯坦	15 764 000	沙特阿拉伯	12 974.4	美国	102 721 557
3	巴西	15 740 153	美国	10 954.6	巴西	35 647 495
4	**中国**	**12 176 453**	韩国	10 353.2	**中国**	**35 613 500**
5	美国	9 377 000	丹麦	10 187.1	俄罗斯	32 738 522
6	埃塞俄比亚	9 054 213	爱沙尼亚	10 127.8	德国	32 399 050
7	孟加拉国	8 645 000	加拿大	9 949.5	法国	23 967 960
8	苏丹	8 326 629	法罗群岛	9 712.6	巴基斯坦	23 026 100
9	坦桑尼亚	7 859 658	捷克	9 362.6	新西兰	21 051 000
10	南苏丹	7 382 078	芬兰	9 288.3	土耳其	19 912 135
11	土耳其	7 135 756	瑞典	9 288.3	英国	15 540 640
12	俄罗斯	6 268 581	荷兰	9 257.2	波兰	15 208 490
13	肯尼亚	4 915 833	西班牙	9 203.8	荷兰	14 533 740
14	新西兰	4 724 208	日本	8 840.1	墨西哥	13 497 999
15	乌兹别克斯坦	4 020 160	葡萄牙	8 706.6	意大利	13 181 870
16	乌干达	3 820 527	希腊	8 587.0	阿根廷	11 904 142
17	德国	3 809 720	德国	8 504.3	孟加拉国	11 766 600
18	阿富汗	3 691 744	比利时	8 409.4	乌兹别克斯坦	11 599 137
19	哥伦比亚	3 505 379	英国	8 400.3	加拿大	9 742 541
20	法国	3 230 860	卢森堡	8 116.6	爱尔兰	9 108 280
66			**中国**	**2 924.8**		

10-17 全脂鲜水牛奶总产量及排名

位次	国家（地区）	奶畜（头）	国家（地区）	单产（千克/头）	国家（地区）	产量（吨）
	世界	71 635 338	世界	2 004.2	世界	143 573 178
1	印度	44 966 130	伊朗	2 844.4	印度	99 151 312
2	巴基斯坦	16 333 000	巴基斯坦	2 297.7	巴基斯坦	37 527 850
3	**中国**	**5 744 421**	印度	2 205.0	**中国**	**2 894 939**
4	尼泊尔	1 666 827	埃及	1 741.6	尼泊尔	1 464 802
5	埃及	732 639	叙利亚	1 563.5	埃及	1 276 000
6	蒙古	727 027	马来西亚	1 386.3	孟加拉国	326 850
7	孟加拉国	527 800	文莱	1 015.5	意大利	254 450
8	缅甸	200 000	越南	999.3	伊朗	128 000
9	印度尼西亚	123 278	保加利亚	991.8	蒙古	115 490
10	斯里兰卡	101 930	尼泊尔	878.8	缅甸	100 000
11	土耳其	73 057	斯里兰卡	856.0	印度尼西亚	90 522
12	伊拉克	67 477	印度尼西亚	734.3	斯里兰卡	87 253
13	伊朗	45 000	孟加拉国	619.3	土耳其	43 589
14	越南	26 252	伊拉克	598.3	伊拉克	40 369
15	保加利亚	15 407	土耳其	596.6	越南	26 232
16	不丹	13 589	**中国**	**504.0**	保加利亚	15 280
17	马来西亚	4 046	缅甸	500.0	罗马尼亚	14 100
18	叙利亚	3 134	不丹	331.3	马来西亚	5 609
19	文莱	128	蒙古	158.9	叙利亚	4 900

10－18　全脂鲜山羊奶总产量及排名

位次	国家（地区）	奶畜（头）	国家（地区）	单产（千克/头）	国家（地区）	产量（吨）
	世界	214 012 991	世界	89.7	世界	19 191 573
1	印度	33 004 824	荷兰	844.8	印度	6 248 338
2	孟加拉国	21 000 000	法国	630.4	苏丹	1 160 273
3	马里	20 202 111	法国	593.4	巴基斯坦	1 018 000
4	苏丹	18 958 053	挪威	574.3	孟加拉国	915 180
5	南苏丹	8 008 086	立陶宛	490.4	法国	717 610
6	印度尼西亚	7 568 581	白俄罗斯	489.7	土耳其	540 426
7	蒙古	7 217 406	乌克兰	432.6	南苏丹	517 757
8	巴基斯坦	7 172 000	奥地利	403.4	西班牙	482 080
9	尼日尔	6 839 049	牙买加	357.3	荷兰	445 220
10	伊朗	6 613 371	中国台湾	346.6	印度尼西亚	370 363
11	索马里	6 146 232	俄罗斯	331.9	索马里	369 617
12	巴西	5 790 503	塞尔维亚	312.1	尼日尔	351 961
13	土耳其	5 170 723	以色列	287.4	希腊	351 720
14	坦桑尼亚	4 217 757	黑山	284.8	阿尔及利亚	324 464
15	肯尼亚	3 911 168	西班牙	268.5	伊朗	318 383
16	阿尔及利亚	2 815 720	北马其顿	260.3	巴西	296 560
17	阿富汗	2 744 933	哥斯达黎加	257.6	肯尼亚	264 883
18	沙特阿拉伯	2 291 019	塔吉克斯坦	251.0	马里	255 428
19	马拉维	2 281 593	亚美尼亚	228.2	俄罗斯	233 757
20	希腊	2 268 100	墨西哥	226.6	坦桑尼亚	231 671
22					**中国**	**219 340**
28			**中国**	**180.4**		
31	**中国**	**1 215 707**				

10－19　全脂鲜绵羊奶总产量及排名

位次	国家（地区）	奶畜（头）	国家（地区）	单产（千克/头）	国家（地区）	产量（吨）
	世界	246 724 982	世界	40.9	世界	10 093 016
1	**中国**	**41 952 426**	瑞士	446.7	**中国**	**1 166 283**
2	苏丹	23 111 202	葡萄牙	287.9	土耳其	1 067 342
3	土耳其	21 535 789	西班牙	251.8	希腊	956 450
4	阿尔及利亚	19 031 446	法国	211.8	叙利亚	706 823
5	马里	14 620 663	科威特	210.9	阿尔及利亚	547 145
6	伊朗	12 778 557	希腊	176.4	西班牙	545 950
7	叙利亚	11 941 775	塞尔维亚	166.2	意大利	475 400
8	罗马尼亚	7 854 900	马耳他	163.9	苏丹	414 318
9	蒙古	7 373 939	斯洛文尼亚	157.8	罗马尼亚	404 400
10	南苏丹	6 297 982	黑山	142.1	伊朗	399 530
11	印度尼西亚	5 594 450	哈萨克斯坦	115.4	索马里	362 992
12	希腊	5 420 700	意大利	102.0	法国	343 280
13	索马里	5 412 989	巴勒斯坦	99.1	马里	175 668
14	阿富汗	5 156 689	阿塞拜疆	96.0	阿富汗	162 270
15	意大利	4 659 000	亚美尼亚	88.3	印度尼西亚	151 602
16	尼日尔	4 220 519	匈牙利	87.2	尼日尔	148 619
17	俄罗斯	3 728 644	北马其顿	85.7	南苏丹	135 489
18	伊拉克	3 277 819	巴林	81.7	约旦	100 662
19	肯尼亚	3 217 738	黎巴嫩	81.2	肯尼亚	99 667
20	沙特阿拉伯	2 847 771	以色列	79.9	蒙古	96 476
58			**中国**	**27.8**		

10-20　原毛总产量及排名

位次	国家（地区）	总产量（吨）
	世界	1 759 760
1	**中国**	**356 193**
2	澳大利亚	328 000
3	新西兰	126 880
4	土耳其	84 885
5	英国	72 010
6	摩洛哥	62 426
7	伊朗	54 357
8	土库曼斯坦	48 742
9	俄罗斯联邦	46 037
10	南非	45 063
11	巴基斯坦	43 510
12	哈萨克斯坦	41 582
13	阿根廷	37 995
14	乌兹别克斯坦	37 307
15	印度	36 374
16	阿尔及利亚	33 950
17	乌拉圭	25 600
18	印尼	24 361
19	叙利亚	20 444
20	阿塞拜疆	15 767

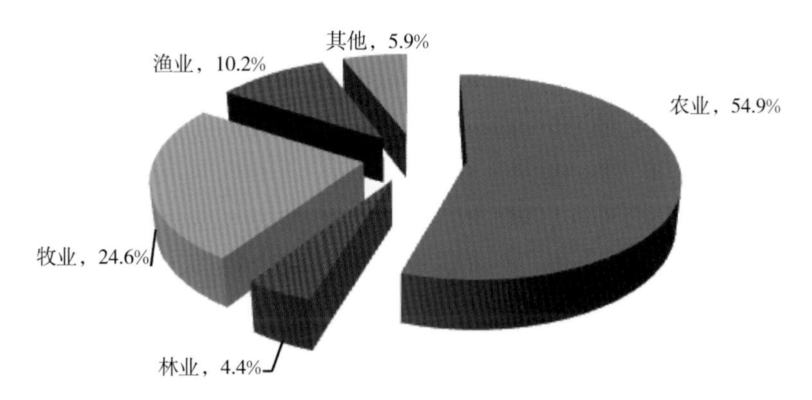

图 1　2023 年全国农林牧渔业产值比重

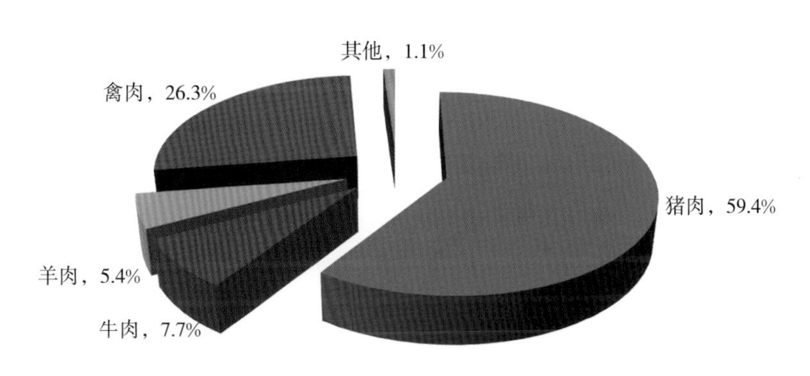

图 2　2023 年全国肉类产量构成

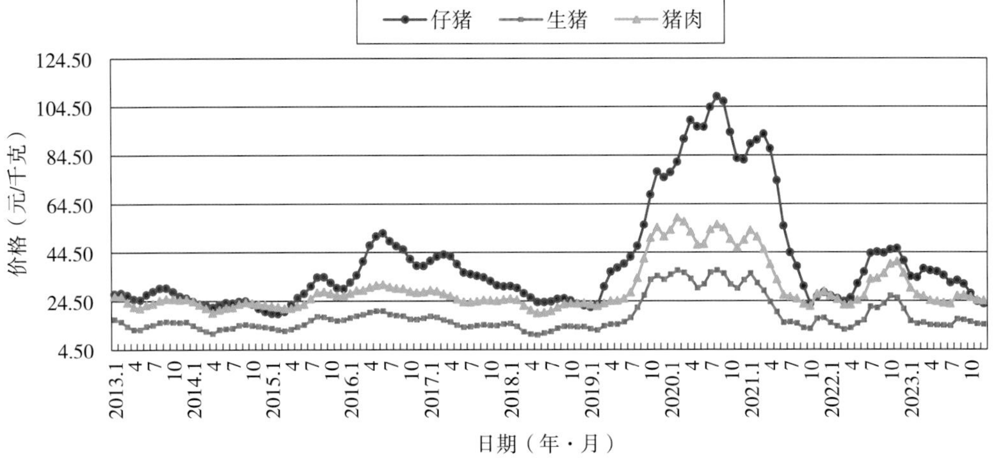

图3　2013—2023年生猪产品价格走势

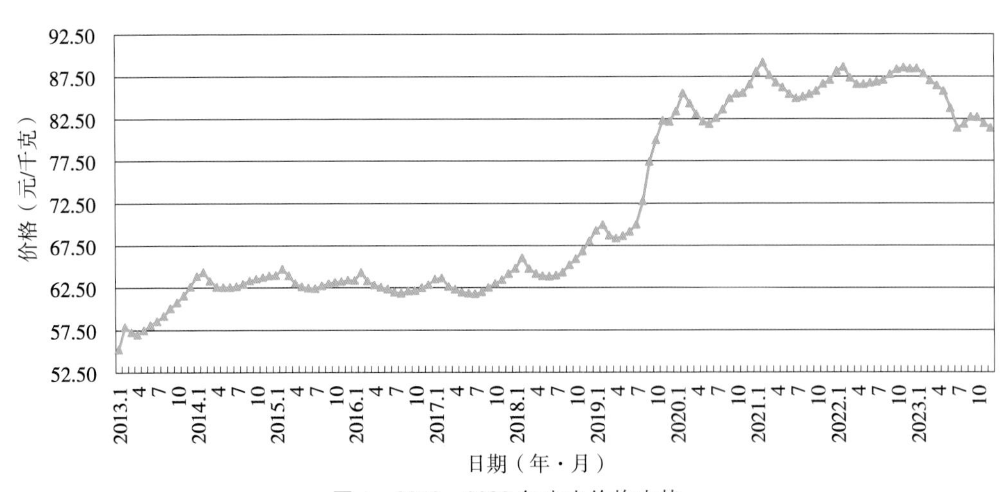

图4　2013—2023年牛肉价格走势

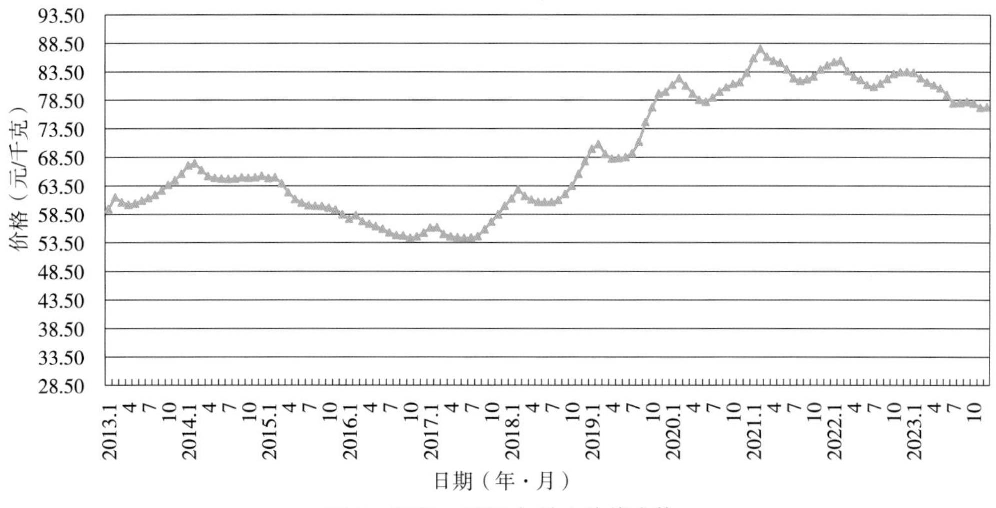

图 5　2013—2023 年羊肉价格走势

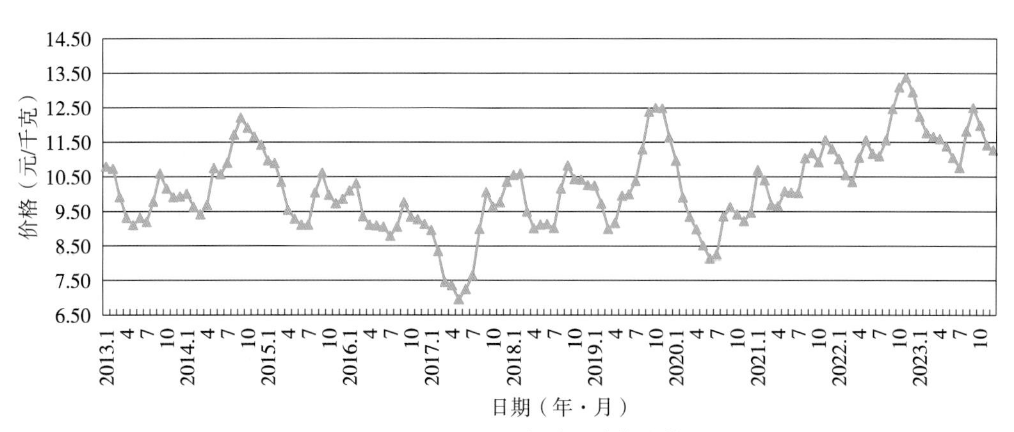

图 6　2013—2023 年鸡蛋价格走势

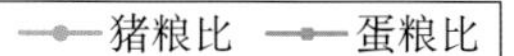

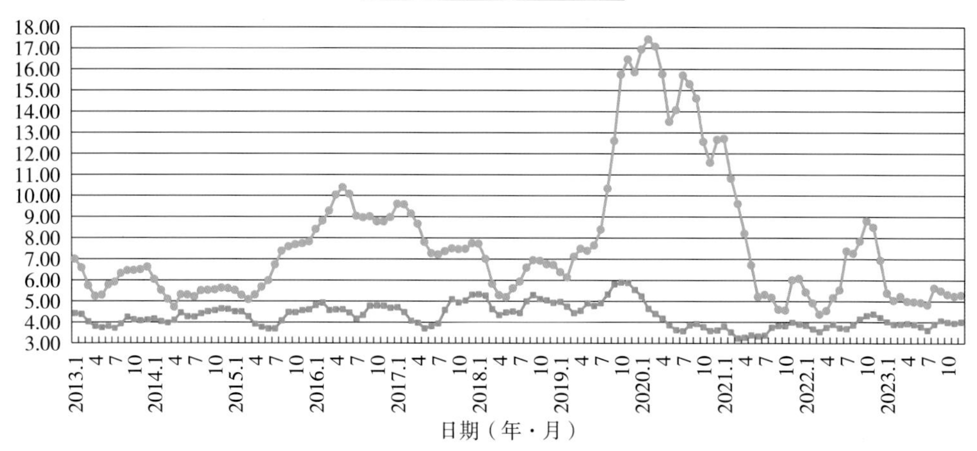

图 7　2013—2023 年猪粮比、蛋粮比走势

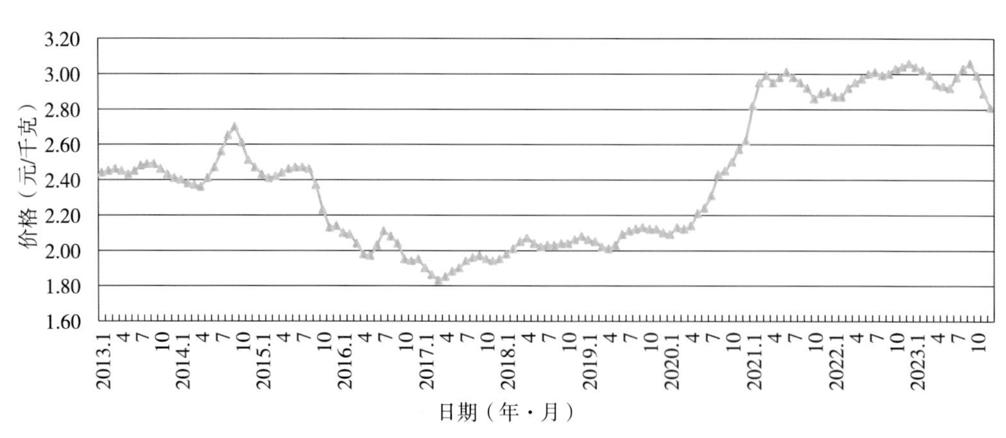

图 8　2013—2023 年玉米价格走势